Amin Ebrahimi

Esperanças e necessidades dos veículos autopropulsores

AF297415

Amin Ebrahimi

Esperanças e necessidades dos veículos autopropulsores

ScienciaScripts

Imprint

Any brand names and product names mentioned in this book are subject to trademark, brand or patent protection and are trademarks or registered trademarks of their respective holders. The use of brand names, product names, common names, trade names, product descriptions etc. even without a particular marking in this work is in no way to be construed to mean that such names may be regarded as unrestricted in respect of trademark and brand protection legislation and could thus be used by anyone.

Cover image: www.ingimage.com

This book is a translation from the original published under ISBN 978-3-659-47437-8.

Publisher:
Sciencia Scripts
is a trademark of
Dodo Books Indian Ocean Ltd. and OmniScriptum S.R.L publishing group

120 High Road, East Finchley, London, N2 9ED, United Kingdom
Str. Armeneasca 28/1, office 1, Chisinau MD-2012, Republic of Moldova, Europe
Printed at: see last page
ISBN: 978-620-7-92634-3

apresentar uma proposta para melhorar a segurança e a eficiência do sistema de orientação na faixa de rodagem dos veículos autónomos

Introdução

Dado o progresso tecnológico e a necessidade de os municípios utilizarem tecnologias de comunicação para a realização e implementação de cidades inteligentes, a utilização de novas ferramentas foi introduzida como uma necessidade. Foi introduzido o VENT, como uma das ferramentas destinadas a melhorar a situação do tráfego como uma das necessidades urbanas mais importantes, que foi criado com o objetivo de divulgar informações de tráfego e condições urbanas e rodoviárias para controlar e melhorar a situação do tráfego com a capacidade de procurar veículos de condução independente. As abordagens de utilização do VENT têm como objetivo melhorar a qualidade da condução em termos de tempo, distância e segurança. As funções e capacidades da rede são, sem dúvida, um dos parâmetros mais importantes dos futuros veículos. Não há dúvida de que, em muitos locais das passagens urbanas e das estradas, ocorrem acontecimentos que põem em causa a segurança do condutor e dos passageiros e provocam engarrafamentos. As redes de casos inteligentes multi-veículo são propostas como a base de sistemas de transporte inteligentes, trocando e divulgando dados importantes com o objetivo de garantir a segurança, o conforto e a utilização comercial (Aslani, Hoda e Asadullah Ebrahimzadeh, 2014). Os veículos não tripulados não são utilizados apenas em zonas urbanas, sendo aplicados em muitos locais. A utilização de veículos não tripulados tem vindo a aumentar nos últimos anos e prevê-se que este crescimento acelere no futuro... Em geral, pode dizer-se que a utilização de veículos não tripulados em locais onde a presença de humanos é impossível ou difícil é muito popular (Bostan Manesh Moghadam, Saeed, 2010). Devido ao controlo e comando dos veículos não tripulados, são necessárias diferentes formas de comunicação. Um dos tipos de redes ad hoc sem fios é a rede ad hoc móvel (MANET). As redes ad hoc veiculares (VANET) são também um tipo de MANET utilizado para a comunicação entre veículos e entre veículos e dispositivos à beira da estrada. Devido aos rápidos avanços tecnológicos e à procura de veículos aéreos não tripulados, foram introduzidas redes ad hoc voadoras (FANET) para comunicar com veículos aéreos não tripulados. De facto, a FANET é também uma forma de MANET. Uma vez que todas estas redes são redes ad hoc sem fios, as suas características são semelhantes, mas diferentes em muitos aspectos (Payedar, Firoozhooh e Mohammad Reza Sultan Aghaee, 2014). Os veículos inteligentes têm de resolver muitas das tarefas específicas com que a sociedade moderna lida, embora não exista um veículo inteligente totalmente independente, mas ainda assim existem muitos sistemas de apoio que levam a um aumento da qualidade do veículo de transporte inteligente. Atualmente, a atenção e a inteligência dos veículos estão centradas no nível de inteligência dos ocupantes dos veículos. O tema e a base deste documento é uma definição de veículo inteligente e automatizado que introduz os factores utilizados nos veículos de transporte, incluindo as expectativas da geração atual, bem como os desafios futuros que os veículos inteligentes irão enfrentar. (Haggho, Ismail; Reza Gayhchin e Ali Ali Zadeh, 2016). A capacidade de navegação é considerada a caraterística mais importante na discussão sobre a inteligência dos veículos. A este respeito, é necessário que o veículo seja capaz de se deslocar do ponto de partida para o ponto de destino, reconhecendo a estrada enquanto tenta manter-se na estrada. Neste relatório, vamos reconhecer a estrada com uma única câmara instalada na frente do veículo em movimento. Este método é muito mais barato do que os métodos como as câmaras estéreo e laser. Primeiro, as margens da estrada são extraídas utilizando o método probabilístico da transformada de Hough e a previsão da sua localização em imagens sucessivas é efectuada utilizando o filtro de Kalman. Em seguida, efectuamos a segmentação da imagem assumindo diferentes distribuições de cor da estrada e do fundo e utilizando o algoritmo de pond. Classificaremos também os pixéis formando um vetor de características adequado que contém a descrição de Gerbaft Haralic e as características de cor de cada região da imagem. A incorporação dos resultados destes métodos mostra que as características óbvias da imagem, juntamente com as características relacionadas com a textura, podem extrair com êxito a superfície da estrada e aumentar a precisão dos cálculos. (Boromandzadeh, Mostafa, 2016). Nos sistemas de navegação de veículos, o GPS é frequentemente utilizado para determinar a posição do veículo. Por várias razões, a localização determinada pelo GPS não corresponde exatamente à rede rodoviária. Através da correspondência de mapas, a posição atual determinada pelo recetor GPS é comparada com a posição correcta do veículo na rede rodoviária (Gahramani, Yasser; Ayaz Isaazadeh; Morteza Nasir Aghdam e Roghayeh Ghahremani, 2011). Os avanços tecnológicos nas redes de dados e de telecomunicações, os dispositivos pequenos e móveis permitiram a criação e o crescimento de um novo domínio de estudo designado por computação móvel. A inclusão de processamento de acompanhamento com várias análises de determinação de posição e direção em ambientes abertos e fechados, análise de algumas localizações e facilidades dos sistemas GSSM criaram um novo campo, o sistema de informação geográfica móvel (SIG Móvel) Este campo, o método de acesso aos dados e os conceitos de utilização da informação num mundo baseado na mobilidade mudaram tremendamente. Seguindo o mesmo princípio, estamos agora a assistir à atenção dada à utilização de sistemas de dados móveis para utilização em serviços de navegação. Apesar dos grandes progressos registados neste domínio, existem ainda muitos problemas e limitações que restringem a utilização destes sistemas. O movimento do utilizador significa que o ambiente e as condições de utilização do serviço mudam de momento para momento. Todos os serviços de navegação existentes utilizam um tipo de mapa para diferentes situações. Enquanto que no ambiente móvel, a função das condições físicas, ambientais, do dispositivo, do tempo e da localização deve ser utilizada por um mapa adequado. Por outro lado, o movimento dificulta a possibilidade de interação direta do utilizador com a interface de utilizador do serviço. A interação direta do utilizador com o sistema, especialmente no caso de alguns serviços especializados como a navegação automóvel, pode por vezes ser perigosa. Para o efeito, o sistema deve comportar-se de forma inteligente e adaptar-se automaticamente às mudanças ambientais. Para o efeito, um serviço de posicionamento deve ser capaz de se adaptar a diferentes situações e posições (Malek, Mohammad Reza e Shams al-Muluk Ali Abadi, 2010). Hoje em dia, com o aumento dos componentes eléctricos e dos dispositivos eléctricos e das suas aplicações em vários domínios, o papel fundamental da automatização na redução dos custos adicionais e impostos tornou-se mais pronunciado. No nosso meio, muitas aplicações têm sido utilizadas a partir da combinação destes componentes para diversos fins. Entretanto, estão a ser considerados objectivos como a gestão e o fornecimento de serviços baseados na localização utilizando tecnologia simples e disponível. A variedade de aplicações, a sua simplicidade e algoritmos, e o facto de ser fastidioso e difícil para o operador completá-las, são as principais razões para automatizar estes casos. Por exemplo, é possível obter a direção dos veículos de transporte em certas aplicações e programáveis. Estas coisas não são apenas demoradas, mas também têm algoritmos simples. Nestes algoritmos, as funções de navegação são utilizadas para dirigir os veículos de transporte (Mohammadi, Nazila, Mohammad Reza Malek e Matin Frutan Moghadam, 2008). O objetivo da instalação de um sistema de navegação num veículo é ajudar o condutor a escolher um itinerário ótimo para chegar ao destino. Este sistema guia o condutor até ao seu destino, que pode ser o centro da cidade, o nome de uma rua ou um endereço que não contenha edifícios. Na maioria destes sistemas, o Sistema de Posicionamento Global (GPS) é utilizado para determinar a posição do veículo. Uma vez que a precisão do GPS é afetada por vários factores, como erros do aparelho e condições atmosféricas, é necessário utilizar métodos de ajustamento para aumentar a precisão da posição determinada do veículo. A correspondência de mapas nos sistemas de navegação de veículos é responsável pela determinação da posição atual do veículo no mapa. (Jaberi, Maryam e Mohammad Reza Meybodi, 2007).

1. Obstáculos na trajetória de um veículo

No caso dos veículos autónomos, uma das partes mais importantes na segurança das viagens e deslocações com veículos autónomos pode ser a questão dos obstáculos existentes no percurso do movimento. Ao analisar as questões relacionadas nesta secção, verificamos que os obstáculos existentes no percurso de deslocação dos veículos autónomos se dividem em duas partes:

1-1. obstáculos naturais ou desejados

Esta parte das barreiras inclui os obstáculos que podem estar naturalmente presentes no trajeto de deslocação do veículo. Por outras palavras, o condutor está bem consciente da sua existência enquanto conduz, e a sua presença foi aceite pelo condutor, de modo que, se a sua presença não for além de um determinado nível, é necessária para o condutor e até desejada por ele. Para exprimir melhor esta questão, pode dizer-se que conduzir numa estrada sem qualquer obstáculo, como uma árvore, uma montanha ou um edifício como um deserto, é cansativo para o condutor, mais cedo ou mais tarde. Por conseguinte, a presença de obstáculos como árvores ou edifícios na via é desejável para o condutor. Ou, com outro exemplo, pode dizer-se que, em termos da natureza social dos seres humanos, a presença de uma pessoa em locais onde se pode observar a existência de outras pessoas é mais desejável do que num local onde não há possibilidade de existência de pessoas. (É claro que também se deve notar que a presença de outras pessoas para além de um certo limite que cause insatisfação ao indivíduo não é considerada. Esta secção sobre obstáculos está dividida em duas partes.

1-1-1. obstáculos fixos

Os obstáculos fixos são aqueles que têm um carácter fixo e não se movem. Estes obstáculos, normalmente, não se deslocam espontaneamente do local onde se encontram, e o seu movimento depende da introdução de forças externas, tais como: árvores que se encontram no limite do percurso de deslocação do veículo, edifícios e locais artificiais, urbanos, etc

1-1-2 Obstáculos móveis

Os obstáculos móveis incluem a parte dos obstáculos onde se pode observar movimento, por exemplo, veículos e peões, que podem estar localizados em qualquer parte do percurso do veículo em movimento.

1-2 Obstáculos invulgares ou indesejáveis

Mas no caso dos obstáculos, deve ser dito que parte das barreiras incluem obstáculos que não estão no estado normal na rota da direção de movimento do nosso veículo, tais como obstáculos como detritos de construção, e assim por diante. no nível das cidades, ou obstáculos como inundações, deslizamento de terra ou queda de rochas da montanha, esta parte da barreira que não está no estado normal na direção do movimento e a sua presença a partir da perspetiva do motorista é considerada indesejável, eles são considerados obstáculos anormais ou indesejáveis. A primeira parte deste grupo de obstáculos foi mencionada no início desta cláusula, e a segunda parte inclui os animais que são súbita e inesperadamente colocados na estrada do veículo, o que também é completamente indesejável, e a presença destes animais no caminho do veículo é imprevista.

Neste estudo, será analisada a secção 1-1-2 ou obstáculos móveis.

2. Padrões de movimento de obstáculos em movimento

Como já foi referido na secção 1.1.2, os obstáculos descritos são constituídos por duas partes principais: na primeira parte estamos a lidar com veículos, na segunda parte com peões que se deslocam ao longo da trajetória do veículo. Como se pode ver em ambos os casos, o fator de decisão é o tipo de movimento do fator humano, que tem um objetivo para o seu movimento, o que significa que se desloca a partir de uma origem conhecida e segue uma determinada rota para chegar ao seu destino, mas diferentes factores irão alterar o seu padrão de movimento, o que significa que é possível que alguém que se desloca ao longo da rota para o seu destino possa mudar subitamente a sua rota quando vê o seu amigo e caminha de um lado para o outro da estrada, ou que um condutor que se desloca para a sua rota possa mudar a sua rota devido ao cansaço. Como se pode ver, a previsão de movimentos de pessoas requer muitos factores. E não se pode ter em conta um determinado padrão de movimento. E a pessoa pode mudar repetidamente a direção do seu percurso até chegar ao seu destino. Esta questão, por si só, mostra a necessidade de um sistema de deteção de obstáculos no veículo.

3. Comunicação dos veículos autónomos

Se quisermos exprimir parte da comunicação dos veículos autónomos, temos de dizer:

A: Comunicação entre o veículo e o condutor (D1).
B: Comunicação entre o veículo e os ocupantes (D3).
C: Comunicação entre o veículo e outros veículos (D2).
T: Comunicação entre o veículo e o seu ambiente (D5).
D: Comunicação entre o veículo e o Sistema de Posicionamento Global (GPS) (D4).

Como se pode ver, um veículo autónomo tem de utilizar a sua própria comunicação para realizar uma série de tarefas em movimento e é óbvio que, qualquer que seja a dimensão desta comunicação, um veículo autónomo melhor e mais útil e mais organizado realizará as suas tarefas de forma melhor e mais eficiente. Se analisarmos bem estas ligações, podemos encontrar claramente um vazio, que é a falta de um sistema central e estável de processamento dos dados recolhidos em todos os centros de comunicação.

4. Sistema central de tratamento de dados dos centros de comunicação

4-1. sistemas de comunicação

Os sistemas de comunicação nesta investigação referem-se a centros que estão ligados a veículos autónomos e que recolhem dados de acordo com as instalações de que cada um deles dispõe, transmitindo-os aos veículos autónomos que conduzem o percurso de acordo com esses dados.

4-2. centro de processamento automóvel

Neste estudo, o centro de processamento para veículos autónomos refere-se à parte que tem a tarefa de processar os dados recebidos dos centros de comunicação e enviar comandos às partes correspondentes para controlar e guiar o veículo. Os dados processados no centro estão localizados em peças como o veículo, o sistema de travagem, o volante, etc. Com base nestes dados, o veículo efectua o percurso sem a intervenção do condutor.

5. O regulamento proposto para eliminar o vazio existente no sistema de orientação automática dos veículos autónomos

6.

Muitos dos sistemas existentes para a condução e controlo de veículos autónomos são os seguintes

A. Vários dados são recolhidos pelos centros de comunicação

B. Os dados recolhidos são enviados para o centro de processamento do veículo, o centro de processamento automóvel

C. Os dados recebidos dos centros de processamento de veículos são analisados e processados nos centros de processamento automóvel.

D. Os dados processados no centro de dados do veículo são utilizados para as várias partes do veículo, por exemplo, o motor, o sistema de travagem, o volante, etc.

O esquema proposto neste estudo está dividido em diferentes etapas para uma melhor descrição

5-1 Etapa 1: Determinação da pressão negativa presente no sistema de orientação automática dos veículos autónomos

O primeiro passo para criar uma secção para eliminar o vácuo no sistema de auto-direção dos veículos autónomos é determinar a localização desse vácuo.

A figura (1) pode ser utilizada para determinar a localização do vácuo existente. Como se pode ver, as secções de vácuo existentes têm duas partes localizadas nos locais que devem ser assinalados com um ponto de interrogação, ou seja, um intermediário entre o centro de receção dos dados na secção de processamento central e o local de transmissão de dados para várias unidades dos veículos.

Figure (1)

A localização do vácuo existente

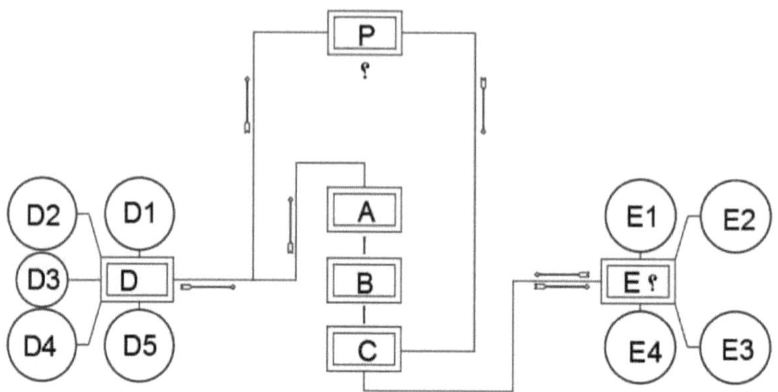

Nesta ilustração, temos:

D: Os dados recolhidos são enviados para o centro de processamento do veículo.

D1: Comunicação entre o veículo e o condutor

D2: Comunicação entre o veículo e os outros veículos
D3: Comunicação entre o veículo e os ocupantes
D4: Comunicação entre o veículo e o Sistema de Posicionamento Global (GPS).
D5: Comunicação entre o veículo e o seu ambiente
P: Sistema centralizado de processamento urbano
A: Fornecer dados dos sistemas de comunicação
B: Tratamento de dados dos centros de comunicação
C: Unidade de sincronização de dados

E: As diferentes partes do veículo

E1: O motor

E2: O volante
E3: As outras partes do veículo
E4: O sistema de travagem

5-2 Etapa 2: Explicação do desempenho das secções actuais

Atualmente, o desempenho dos veículos autónomos é tal que os dados ambientais em torno do veículo são recolhidos por vários sensores e os dados também estão disponíveis no veículo, como os mapas da cidade disponíveis no sistema de navegação do veículo, e os dados são constantemente recebidos e transmitidos, como os dados relacionados com o sistema de navegação global GPS, que é utilizado para determinar a localização do veículo num determinado momento, ou para fins semelhantes. Todos estes dados são limitados, ou seja, aplicam-se apenas a uma área específica em redor do veículo. Por exemplo, os sensores na carroçaria do veículo só reconhecem obstáculos ou pessoas a uma certa distância. A comunicação entre veículos também está limitada a alguns veículos na vizinhança, pelo que se pode dizer que estes sistemas já estão muito envolvidos e a funcionar.

5-3 Etapa 3: A primeira ideia para eliminar o vácuo existente

A eliminação do vácuo no seu veículo requer, como primeiro passo, um centro de controlo paralelo fora do veículo que, em conjunto com o centro de processamento no veículo, recebe os dados e prepara as saídas necessárias para o processamento. E reencaminha-os para o veículo, mas porquê? A resposta a esta pergunta surgirá nos próximos meses.

5-4 Etapa 4: Centro de processamento paralelo

No entanto, quando se diz o que é a unidade de processamento paralelo, deve dizer-se que este centro é uma parte separada do veículo que processa os dados recebidos juntamente com o centro de processamento interno em paralelo com o centro de processamento interno. O centro pode ser concebido e construído como uma parte do veículo independente do veículo e como uma base de dados geral da cidade ou como uma série de terminais mais pequenos instalados em casas que trocam dados com o centro principal da cidade. Com efeito, o centro é um grande processador que consiste numa base de dados maior, resultado da recolha de dados dos veículos autónomos.

5-5 Etapa 5: a tarefa principal da unidade de processamento paralelo

A principal função da unidade de processamento paralelo é processar os dados recebidos dos veículos autónomos presentes na cidade e transmitir os seus resultados para melhorar o desempenho e aumentar a segurança dos veículos autónomos.

Por conseguinte, no centro de processamento paralelo, é necessário, em primeiro lugar, dividir o espaço urbano em várias partes diferentes, e cada uma destas partes tem o seu próprio centro de processamento paralelo, e estes centros de processamento paralelo em cada cidade serão ligados ao sistema de processamento central da cidade.

5-5-1. Parte I: Localização do centro de processamento paralelo

Uma vez que os vários estudos realizados sobre acidentes e acidentes mostraram que esses incidentes ocorrem apenas quando os fatores perigosos estão mais próximos uns dos outros a partir de uma certa distância, portanto, a unidade de processamento paralelo não deve processar a totalidade dos dados obtidos da cidade de cada vez em outras palavras, pode-se dizer que um veículo autônomo pode ter um desempenho ideal e apropriado e responder em momentos apropriados a possíveis perigos e desempenho mais seguro, não é necessário processar a totalidade dos dados da cidade, sendo suficiente apenas os dados relativos a uma determinada zona onde o veículo se encontra em movimento ou estacionado, apenas em casos como os de perigos gerais que se deslocam rapidamente de uma zona para outra, há necessidade de processamento de dados, sendo nesse caso possível transferir dados de uma zona de dados para outra zona de dados através da definição de uma secção comum. E os resultados do processamento em cada região estão disponíveis para outra região, que decide processá-los utilizando os dados e as condições da sua área. Estes perigos comuns podem ser um tornado ou uma inundação nessa cidade, ou uma perseguição entre a polícia e um grupo de assaltantes que viajam num veículo. Estes riscos comuns podem ser um tornado ou uma inundação nesta cidade ou uma perseguição entre a polícia e um conjunto de ladrões que viajam num veículo. A principal tarefa da unidade de processamento paralelo é processar os dados recebidos pelos veículos autónomos na área da cidade em questão.

5-5-2. parte II: Sistema centralizado de tratamento urbano

Esta parte do sistema proposto inclui uma secção em que os dados globais transmitidos por cada unidade de processamento paralelo são processados em geral, e os dados de saída e estes processos gerais são armazenados nos centros de armazenamento de dados durante um determinado período de tempo; além disso, o sistema de processamento central é responsável pela coordenação entre os centros de processamento paralelo. A forma geral do sistema central de processamento de dados com os seus centros de processamento paralelo é apresentada na Fig. 2.

Sistema de processamento urbano centralizado

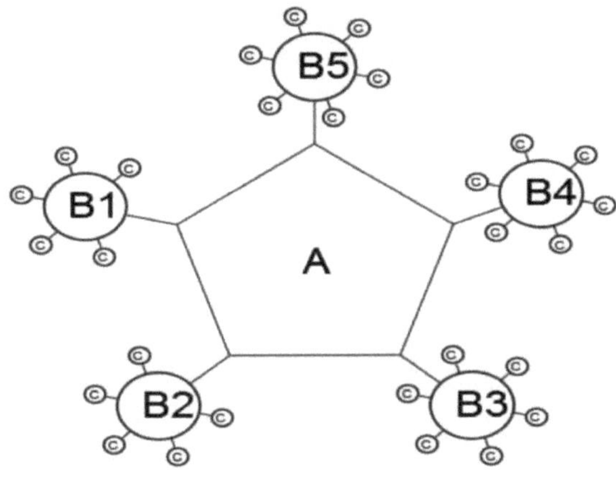

A: Sistema de processamento urbano centralizado

81: As zonas da unidade de processamento paralelo (Zona1)

82: As zonas da unidade de processamento paralelo (Zona2)

83: As zonas da unidade de processamento paralelo (Zona3)

84: As zonas da unidade de processamento paralelo (zona4)

85: As zonas da unidade de processamento paralelo (Zona5)

C: Os veículos autónomos

5-5-3. Parte III: O papel do veículo autónomo

O veículo autónomo numa fábrica de processamento paralelo terá várias tarefas: A: Recolher dados do seu ambiente

B: O remetente das informações recolhidas para o centro de processamento paralelo

C: Receção de dados de unidades de processamento paralelo

D: Utilização dos dados recebidos da unidade de processamento paralelo juntamente com os dados processados na unidade central de processamento do veículo autónomo.

5-5-4. Parte IV: Aquisição de dados em torno do perímetro

De facto, a unidade de processamento paralelo de cada veículo autónomo actua como um coletor de dados do seu ambiente e envia esses dados recolhidos para o centro de processamento paralelo. Tal como descrito na secção [3] deste estudo, cada veículo autónomo tem diferentes ligações com o seu ambiente e cada um destes canais de comunicação é inicialmente utilizado para recolher os dados necessários e diferentes. Os dados recolhidos a partir destes canais de comunicação são enviados para dois centros

A: Unidade de processamento paralelo

B: unidade central de processamento de um veículo autopropulsado

5-5-5 Parte V: Atribuição de um código para cada veículo autónomo

Se cada veículo autónomo tiver uma ligação consistente e permanente com o seu meio envolvente e com o centro de processamento paralelo, será possível que a unidade de processamento paralelo tenha a posição de cada veículo num mapa e utilize essas posições para um controlo melhor, mais eficiente e mais seguro. Por exemplo, todos sabemos que um veículo autónomo tem sensores de diagnóstico mas não consegue reconhecer os veículos que se aproximam no seu ângulo morto. Por exemplo, se um veículo autónomo estiver a aproximar-se de um cruzamento e outro veículo estiver a viajar a uma velocidade muito elevada em direção ao mesmo cruzamento (por exemplo, numa perseguição e fuga entre ladrões e a polícia), os sensores de diagnóstico do veículo autónomo não serão capazes de detetar este perigo se estiver próximo, o que pode ser perigoso. Para resolver este problema, pode dizer-se que o sistema central de processamento de dados, que conhece a posição de cada veículo autónomo, pode prever esses riscos e identificar os veículos autónomos que podem estar no caminho desse perigo e enviar-lhes mensagens de aviso. Como será explicado mais adiante, o sistema de correspondência de movimentos, que é outra parte do vazio que existe no sistema de orientação de rotas para veículos autónomos, pode resolver o problema completamente. Mas a questão que se coloca aqui é que os veículos autónomos têm uma ligação constante com o centro de processamento paralelo e a sua posição é totalmente compreendida, e como podem os outros veículos ser informados da sua posição? neste caso, deve dizer-se que os veículos que utilizam um sistema de posicionamento global (GPS) podem partilhar os seus dados de localização com uma unidade de processamento paralelo com um memorando de entendimento. Assim, a sua posição é determinada nesse sistema e, por sua vez, a unidade de processamento paralelo também pode ter dados num sistema de aviso, como, por exemplo, veículos que se aproximam rapidamente nos cruzamentos e que estão no seu ângulo morto para serem vistos. No entanto, para veículos sem GPS, também é possível utilizar a comunicação entre o veículo e os veículos circundantes. Desta forma, os veículos autónomos transmitem os seus pontos de dados, como matrículas e outras características, ao centro de processamento paralelo à medida que se deslocam, e esta informação é processada na unidade de processamento paralelo para determinar a posição de localização destes veículos e os seus dados são utilizados para melhorar a qualidade dos seus veículos autónomos.

5-6. unidade de sincronização de dados

Nesta secção, a segunda parte proposta para eliminar o vácuo nos nossos sistemas de veículos autónomos, os dados processados no sistema de processamento central do veículo autónomo são comparados com os dados recebidos da unidade de processamento paralelo e o resultado é enviado para várias partes do veículo para execução. Note-se que estes dados devem ter prioridade, de modo que, se os dados recebidos da unidade de processamento paralelo anunciarem a presença de um veículo que se aproxima rapidamente do cruzamento, estes dados têm precedência sobre os dados processados no centro de processamento do veículo autónomo, que pode não ser capaz de detetar a presença deste veículo por não ser visto devido à presença de obstáculos. Por conseguinte, deve ser dada prioridade aos dados na unidade de correspondência de dados. Assim, verificamos que a barreira em movimento foi previamente detectada pelos sensores do veículo autónomo quando foi colocada ao alcance dos sensores funcionais, com a utilização deste método proposto, além disso, foi detectada pelos sensores do veículo autónomo será detectada também pelo centro de processamento paralelo e os dados relacionados serão dados à disposição do veículo autónomo e o problema ajudará a melhorar ainda mais o desempenho e a segurança do veículo autónomo.

Capítulo 2

Aplicação da tecnologia aos sinais de trânsito

Introdução

Atualmente, o problema do trânsito é um dos maiores problemas das grandes cidades e é avassalador. Para resolver este problema, foram tomadas várias medidas até à data. Até à data, foram tomadas várias medidas para resolver este problema. Devido ao aumento do número de veículos e à necessidade de expandir o tráfego, as grandes cidades de todas as partes do mundo têm sido confrontadas com o grave problema dos elevados volumes de tráfego. O aumento da dimensão das estradas e das vias nem sempre conduziu a uma redução do volume de tráfego e a uma diminuição do congestionamento, razão pela qual a maioria dos países está agora a tentar otimizar a utilização das vias. Para tal, bem como para reduzir os custos decorrentes do dilema do tráfego e para melhorar o volume e a segurança do tráfego, foram propostas várias soluções até à data, como a criação de novas vias para eliminar os principais estrangulamentos da rede rodoviária, o desenvolvimento de sistemas de transportes públicos, sistemas de localização eficientes e sinais de trânsito melhorados para um melhor controlo e uma maior eficiência do tráfego com o objetivo de aumentar a capacidade (Nouraie Bidokh, Reza e Siamak Nouri, 2009). Os acidentes de viação ocorrem com maior ou menor frequência em todo o país e, por vezes, os locais onde os acidentes ocorrem com frequência e ocasionalmente são protegidos dos acidentes de viação nessa região pelos agentes de viação através de diferentes métodos (Kheirandish Ozra, Mahshid Mohammadian & Fatemeh Baghaee, 2016). A utilização de sinais de aviso em todas as estradas existentes no país é um dos requisitos de segurança para melhor colher os benefícios. A instalação de sinais claros, seguros e legíveis, que são, de facto, o único guia para os viajantes e utilizadores obterem informações, é também necessária como meio para um tráfego mais seguro. Por um lado, se olharmos para o número de acidentes rodoviários a diferentes horas do dia e da noite, apercebemo-nos de que a taxa de acidentes noturnos é muito elevada. Por conseguinte, a utilização adequada de sinais de trânsito e de sinais noturnos coloridos desempenha um papel importante na orientação dos condutores e na redução da frequência destes incidentes na escuridão da noite (que regista o número mais elevado) (Rezaei, Kianoush e Narges Mirzai, 2015). Os sinais de trânsito são geralmente utilizados para controlar o tráfego. Os sinais de trânsito contêm mensagens sob a forma de abreviaturas e símbolos e são utilizados para controlar locais ou orientar os condutores. Na maioria dos casos, os sinais de trânsito são montados verticalmente e existem diferentes grupos de sinais de aplicação da lei, de aviso ou de mensagem. Ao olharem para os sinais de trânsito, os condutores mostram diferentes graus de atenção e consciência dos sinais de trânsito, dependendo da sua própria situação e análise. Se esta atenção for insuficiente, ocorrem incidentes e acontecimentos indesejados no trânsito (Rahimi, Amir Massoud e Mojtabba Kazemi, 2012). Os sistemas avançados de assistência ao condutor são sistemas de novas tecnologias que reduzem o número de acidentes de viação e o risco de condução, aumentando a atenção e o estado de alerta do condutor em relação ao tráfego e às condições da estrada. Um dos sistemas avançados de assistência ao condutor é o sistema de reconhecimento de sinais de trânsito, que ajuda o condutor a conduzir de forma mais segura e fácil, reconhecendo os sinais de aviso e determinando a direção da viagem. (Lahuni Fard, Arshad; Abdollah Chaleh Chaleh e Syed Ali Razavi Ebrahimi, 2011). Entre as questões que hoje se equacionam no domínio da automação está a discussão da orientação de veículos sem condutor e sem um operador humano, neste sentido, o veículo deve ser capaz de escolher e, se necessário, alterar o percurso recorrendo a um conjunto de dados na sua memória, como o mapa do percurso da estrada, bem como a capacidade de ler sinais de trânsito e de sinalização rodoviária, orientar o percurso e a natureza do seu movimento em segurança, Para atingir este objetivo, um dos sistemas mais adequados é o sistema que inclui uma câmara de imagem e um computador associado. A imagem captada pela câmara deve ser processada num espaço de tempo razoável, e o conceito de sinal de trânsito é derivado pelo computador, sendo emitido o comando pretendido para alterar a forma de movimento (Yazdan, Ruhollah e Massoud Varshosaz, 2015).

O sistema identifica os sinais e sintomas de trânsito com base nas imagens recebidas da câmara montada no veículo e ajuda o condutor a controlar melhor o veículo. Com a ajuda deste sistema, é possível reduzir as estatísticas de acidentes causados pelo facto de o condutor não ter em conta os sintomas. A maioria dos sistemas existentes inclui as duas fases de deteção e categorização dos sintomas (Lahuni Fard, Arshad, Abdollah Chaleh Chaleh e Seyed Ali Razavi Ebrahimi, 2011). Este sistema consiste em duas etapas principais, incluindo a extração de bordos e a determinação da posição do painel. É proposto um novo algoritmo baseado na categorização de pixéis e na limiarização em duas fases para a deteção contínua de bordos. Nesta secção, os pixels são primeiro categorizados em quatro classes diferentes, extraindo assim os pixels que têm a possibilidade de serem bordos. Em seguida, as arestas extraídas são reduzidas utilizando um limiar de dois níveis. (Shokri Kiani, Mahsa e Seyd Vafa Barkhoda, 2015). Neste caso, são utilizados outros métodos para detetar os sintomas; um dos mais eficientes é o sistema RFID. Considerando que um dos maiores desafios para a implementação da polícia eletrónica é a incapacidade de controlar o veículo na estrada, por conseguinte, a fim de resolver o problema acima referido, é proposto neste trabalho um projeto de sistema que, através da tecnologia RFID, pode informar os condutores do conteúdo de sinais de trânsito importantes e, face à falta de atenção do condutor ao conteúdo e ao risco, a infração foi cometida transmitida eletronicamente para a estação de intersecção da polícia de trânsito mais próxima, para este efeito, através da instalação de vários sensores em veículos e sinais de condução e utilizando a tecnologia RFID, informações sobre como a condução e, posteriormente, diferentes modos do veículo, incluindo a velocidade não autorizada, não ultrapassando movimento espiral e assim por diante, se eles são derrubados ou parou em lugares perigosos, informar rapidamente centros de controlo da polícia de trânsito ou ajuda (Bashiri Fard, Ali e Maryam Shamshirgerd, 2011).

1. História dos sinais de trânsito

Talvez no início do aparecimento dos veículos, não fosse necessário instalar sinais de trânsito devido ao seu reduzido número. Mas com o aumento do número de veículos, esta necessidade foi criada juntamente com outras necessidades e foi crescendo juntamente com outras necessidades de tal forma que estamos a assistir ao problema de que sem a existência de sinais de trânsito, não há forma de controlar os veículos no volume de tráfego existente. Este problema tem levado todos os profissionais a procurarem melhores formas de melhorar os sintomas de trânsito, nomeadamente determinando locais adequados para a instalação de sinais de trânsito, e também criando condições para que estes sinais de trânsito sejam mais fáceis e claros de reconhecer.

No entanto, o método de instalação dos sinais de trânsito foi determinado durante a sua vida útil, quando a natureza da sua utilização ou a combinação das suas formas pode ser diferente em diferentes países, quando a totalidade das suas mensagens inteligíveis é a mesma, e este método consiste nas placas e luzes instaladas em diferentes partes do percurso.

2. A forma como os condutores lidam com os sinais de trânsito

A eficácia e a utilidade dos sinais de trânsito só são garantidas, naturalmente, se estes estiverem colocados em locais adequados e, ao mesmo tempo, puderem ser plenamente vistos pelos condutores; por conseguinte, o comportamento dos condutores quando vêem sinais de trânsito divide-se em vários grupos:

A: O primeiro grupo de condutores que vê os sinais de trânsito de acordo com a mensagem transmitida começará a obedecer às regras de trânsito, como o excesso de velocidade, etc,

B: o segundo grupo de condutores terá um desempenho relativo, ou seja, se houver a possibilidade de os ver, haverá penalizações para o cumprimento das regras de trânsito que são compreensíveis a partir dos sinais de trânsito e, se isso não for possível, as regras de trânsito não serão cumpridas e, se essa possibilidade não existir, não obedecerão às regras de trânsito.

3. Problemas do transporte na sua forma atual ou tradicional

Todos sabemos que, de acordo com um princípio importante, com o tempo todas as estruturas feitas pelo homem se esgotam, deformam, corroem e destroem. Como os sinais de trânsito não estão sujeitos às exceções das regras, provavelmente o primeiro problema com que nos deparamos quando falamos de trânsito é o mesmo problema que significa a falha e a extinção dos sinais de trânsito e os custos associados à sua reparação. Mas também se pode dizer que nas estruturas urbanas, a beleza dos ambientes urbanos também tem grande importância, em muitos casos, os sinais de trânsito podem reduzir a beleza das estruturas urbanas. Por conseguinte, a criação de barreiras visuais e também a sua perturbação, bem como a falta de coordenação no domínio das vistas da cidade, o que provoca uma má aparência nos espaços urbanos, é o segundo problema da instalação de sinais de trânsito urbanos, e também se pode dizer, na perspetiva dos condutores, que, por vezes, a instalação de sinais de trânsito tem os seus próprios problemas. Por exemplo, a visibilidade insuficiente de um sinal de trânsito pode distrair o condutor do veículo. Este é o terceiro problema da utilização da forma tradicional dos sinais de trânsito. A falta de clareza do painel dos sinais de trânsito pode causar problemas em muitos casos. Por exemplo, é possível que um número escrito num sinal de trânsito seja confundido com outro número devido a manchas no sinal, o que constitui o quarto problema, bem como outros problemas deste tipo.

4. Necessidade de alterar os fluxos de tráfego em função do progresso técnico da engenharia automóvel

Um veículo de condução autónoma (automático) é um robô móvel com navegação multissensorial integrada e tomada de decisões inteligente (Nourolah Zadegan, Mohsen e Arshia Badi, 2016).

A utilização de veículos não tripulados tem aumentado cada vez mais nos últimos anos e prevê-se que este crescimento acelere no futuro. Em geral, pode dizer-se que a utilização de veículos sem condutor em locais onde a presença humana é impossível ou difícil é muito popular (Bostan Manesh Moghadam, Saeed, 2010). Assim, pode afirmar-se que este tipo de veículo é mais um movimento de independência dos veículos. Assim, há mesmo quem pense que estes veículos são ideais para zonas inseguras e sem seguro para as pessoas e, assim como há quem identifique que são adequados para a realização de actividades agrícolas. Para tal, os veículos devem ser capazes de reconhecer os sinais de trânsito, mas no modo tradicional de reconhecimento dos sinais de trânsito, primeiro deve ser reconhecida a forma (quadrado, triângulo e círculo) e depois deve ser reconhecido o tipo de sinal, o que pode ser difícil devido a um obstáculo na visão da câmara e dos sensores presentes no veículo ou outros problemas deste processo. Assim, devido ao progresso tecnológico dos novos veículos, estamos a procurar uma forma de sinal de trânsito que seja mais compatível com a nova geração de veículos.

5. Infracções relacionadas com as infracções de trânsito

É claro que o desconhecimento da lei não é motivo de inocência, mas todos sabemos que, se os sinais de trânsito não forem vistos, o condutor, sem decidir cometer actos ilícitos e por não perceber que a infração de condução foi cometida, o que vai acontecer é que, do ponto de vista interno, essa pessoa não cometeu uma infração, embora pareça ser uma infração de condução. E este é um dos factores que deve ser considerado na elaboração de novas leis de trânsito.

6. Categorização dos sinais de trânsito

Talvez os sinais de trânsito tenham sido classificados em diferentes grupos até à data e cada uma destas categorizações baseia-se nos seus próprios critérios. Por exemplo, numa secção, assistimos a uma classificação em formas circulares, triangulares e quadradas, mas neste estudo, tentou-se dividir os sinais de trânsito em dois grupos.

6-1. O primeiro grupo, que inclui os sinais de trânsito fixos, refere-se ao grupo de sinais de trânsito que têm um desempenho estável durante o seu funcionamento e cada um dos quais exprime apenas uma única mensagem com um significado específico das regras e instruções de condução, como o sinal de proibição de ultrapassagem, que apenas ilustra o facto de o estacionamento ser proibido nesse local durante todo o seu período de funcionamento.

6-2 O segundo grupo é um conjunto de sinais de trânsito onde assistimos à expressão de múltiplas mensagens de trânsito. Como um semáforo que pode estar vermelho num momento, significando paragem atrás das linhas características e o mesmo semáforo estar verde noutro momento, dando permissão aos veículos para se moverem a partir do mesmo caminho em que tinham parado atrás das linhas há algum tempo atrás.

7. Navegação automóvel

Uma das peças mais utilizadas atualmente na indústria automóvel é o sistema de navegação do veículo. O GPS é frequentemente utilizado no sistema de navegação do veículo para determinar a posição do veículo. Por várias razões, a posição determinada pelo GPS não corresponde exatamente à rede rodoviária. Através da correspondência de mapas, a posição atual determinada pelo recetor GPS é comparada com a posição correcta do veículo na rede rodoviária. (Ghahremani, Yasser; Ayaz Isaazadeh; Morteza Nasir Aghdam e Roghayh Ghahremani, 2011). O objetivo da instalação de um sistema de navegação para veículos é ajudar o condutor a escolher o itinerário ideal para chegar ao destino (Ghahremani, Yasser; Ayaz Isaazadeh; Morteza Nasir Aghdam, 2001). Por conseguinte, pode afirmar-se que, atualmente, os sistemas de navegação para veículos são constituídos por vários domínios e tecnologias avançadas, mas ainda há muitas etapas para chegar ao destino final. Por conseguinte, pode afirmar-se que os sistemas de navegação para veículos são atualmente constituídos por vários domínios e tecnologias avançadas, mas ainda há muitas etapas a percorrer para atingir o objetivo final.

8. A descrição do regime proposto

O plano apresentado nesta secção é composto por várias secções, cada uma das quais é descrita individualmente a seguir:

8-1 Parte I: Secção de perceção

Os recentes avanços tecnológicos sugerem que os computadores são agora parte integrante dos dispositivos e aparelhos utilizados pelos seres humanos, e este tema sugere que o software, como ponte de ligação mais próxima com o hardware correspondente, cresceu na mesma medida e talvez ainda mais.

Como sabemos, existem vários segmentos de software nos veículos modernos, um dos mais proeminentes dos quais é a área da navegação. Como mencionado na secção [7], os sistemas de navegação dos veículos ainda têm muitos passos a dar para atingir um estado estável e desejável. Talvez uma das áreas que ainda não foi abordada seja a não paga, que é uma parte relacionada com a autoridade para decidir de tal forma que o veículo possa ser capaz de ouvir os erros e o mau comportamento do condutor antes de os cometer e, em seguida, declarar a infração de condução à autoridade competente, a este respeito, a parte mais ideal, para esta função, pode fazer parte do sistema de navegação do veículo de modo a que, para além dos dados que até agora foram fornecidos a estes sistemas, forneça dados relacionados com as regras de trânsito, por exemplo, dados relacionados com os planos de deslocação do veículo e com as zonas que contêm regras especiais, para a circulação automóvel, zonas de estacionamento proibido, velocidades permitidas para cada zona, etc., Esta questão, por si só, reduzirá o volume de sinais de trânsito a instalar na estrada. Por conseguinte, este plano propõe que, em vez de acrescentar os sinais instalados nas vias de trânsito, a parte das regras e regulamentos que é possível fornecer como dados predefinidos aos sistemas de navegação dos veículos. No entanto, é de notar que a maior parte desta parte dos dados se refere à sinalização fixa, tal como descrito no ponto 6-1.

8-2 Parte II: Unidade de diagnóstico

8-2-1 Reconhecer os sinais de trânsito

Atualmente, talvez a preocupação mais importante dos fabricantes de veículos seja a forma como o veículo autónomo é capaz de reconhecer os sinais de trânsito, a fim de proporcionar o melhor desempenho, tendo sido apresentados vários planos neste sentido. Cada um destes planos terá os seus pontos fortes e fracos, aqui apresentaremos um plano nesta direção, sendo de notar que a velocidade do processo de reconhecimento dos sinais de trânsito nos veículos é muito importante,

Com o avanço da tecnologia, a velocidade de deslocação dos veículos aumentou, pelo que o processo de diagnóstico dos sinais de trânsito também deve ser feito a uma velocidade superior, e a falta de deteção no momento certo ou a presença de um obstáculo que leve à incapacidade de reconhecer os sinais de trânsito pode conduzir a riscos irreparáveis.

Assim, neste plano, estamos a tentar eliminar os sinais de trânsito fisicamente existentes desta forma. Todos os sinais de trânsito, na sua forma atual, serão recolhidos das superfícies das estradas urbanas e utilizados em seu lugar por uma série de painéis emissores, cuja função é converter os sinais de trânsito em sinais de rádio e disponibilizá-los aos veículos que passam. Desta forma, o problema da visibilidade insuficiente dos sinais de trânsito para o condutor é eliminado, ao mesmo tempo que os veículos não têm de passar por longas etapas para reconhecer os sinais de trânsito e receber os dados necessários sob a forma de dados processados. Desta forma, o tempo necessário para reconhecer os sinais de trânsito é eliminado e os dados podem ser fornecidos mais cedo do que o veículo chega ao local.

Desta forma, como um veículo autónomo tem os dados de que necessita para se deslocar mais rapidamente do que o tempo habitual, pode ter um melhor desempenho, e talvez possamos ver um melhor desempenho do que a condução individual. Por exemplo, considere um semáforo na sua forma tradicional, à primeira vista.

8-2-2 Depois de retirar os sinais de trânsito físicos da superfície da estrada

Onde é que o novo sistema de sinalização de tráfego será apresentado? Mas a resposta a esta pergunta é muito simples. Neste novo sistema, temos de considerar dois modos de impressão das mensagens de trânsito:

R: A orientação do veículo por humanos: neste caso, é necessário dizer que, para chamar a atenção do condutor para os sinais de trânsito, podem ser utilizados sistemas de altifalantes. Desta forma, com a chegada do veículo aos sinais de trânsito, os veículos anunciam os sinais ao condutor, mas este sistema pode afetar a qualidade da condução. Por exemplo, o anúncio dos sinais de trânsito não é tão agradável para o condutor quando está a ouvir música.

Mas há outro método para alertar os condutores para os incidentes de trânsito, que é a utilização de sintomas visuais, mas onde é que esses sintomas visuais podem ser apresentados?
1. Conceber uma área separada no painel de instrumentos para este efeito
2. Monitores montados em veículos
3. Para além de outros sinais e painéis de veículos, como a indicação dos quilómetros percorridos pelo veículo
4. No ponto à frente do veículo
que, de entre os locais acima referidos, se os sinais e sintomas de trânsito forem afixados no para-brisas dos veículos, pelo facto de o condutor não ser perturbado na sua forma de os detetar, teremos uma condição ideal

B: a orientação de veículos por sistemas de orientação de veículos: Neste caso, não é necessário colocar sinais de trânsito no interior do veículo, uma vez que o sistema de orientação do veículo é responsável pela orientação do veículo e o processamento dos sinais no sistema central de orientação do veículo é suficiente. No entanto, a criação de uma situação opcional nesta secção pode ser muito útil para que, em função da vontade do condutor ou dos ocupantes do veículo, seja possível afixar os sinais nos locais referidos na alínea a) desta secção.

8-3. cantadas de tráfego

Para examinar os sinais de trânsito, os sinais que existiam antes são chamados de sintomas tradicionais e os que são propostos aqui são chamados de novos sintomas.

Os símbolos tradicionais utilizados nas cidades, independentemente das suas pequenas diferenças, têm uma única função com a qual todos estamos completamente familiarizados. Mas no método aqui proposto, devemos dizer que muitos destes quadros vão mudar de uma forma geral. Por exemplo, nos sinais de trânsito tradicionais, estamos a assistir a placas que são colocadas nas bases e contêm mensagens que são exibidas através dos diferentes postes e formas, enquanto não vemos tal estrutura nos novos sinais de trânsito, desta forma que os novos sinais de trânsito consistem num transmissor de rádio que, na sua área de operação, pode enviar mensagens a serem recebidas pelos veículos que estão colocados nessa área. Assim, estes novos sinais de trânsito têm uma diferença óbvia em relação aos sinais de trânsito tradicionais e o aspeto pretendido para eles é a forma de uma caixa que pode ser montada num pedestal, numa parede e até mesmo no subsolo e na estrada para os carros em movimento e cumprir a sua tarefa de enviar sinais de trânsito.

8-4 Como ligar novos sinais de trânsito

A. É certamente impossível dizer com certeza que os sinais de trânsito utilizados numa cidade se manterão inalterados ao longo dos anos. Para incorporar estas alterações em novos sinais de trânsito, é necessário um meio de comunicar com estes novos sinais de trânsito. Certamente que a comunicação via rádio e sem fios à distância é a melhor opção para este efeito e pode desempenhar um papel significativo na redução dos custos.

B. Os novos sinais de trânsito devem poder enviar mensagens de trânsito aos veículos, sendo esta a sua segunda forma de comunicação. Isto significa que é criada uma comunicação unidirecional dos sinais de trânsito para o veículo.

C. A comunicação com sensores que reconhecem os veículos que passam no itinerário planeado envia mensagens sobre a presença ou ausência de veículos no caminho para novos sinais de trânsito.

D. a questão de saber como lidar com os novos sinais de trânsito é se estes sinais exigem ou não uma comunicação constante? Em resposta a esta questão, argumenta-se que a comunicação prevista na secção 8.4.1 estipula que a polícia de trânsito deve alterar os sinais de trânsito urbano e o modo de comunicação.

E. É de referir que esta relação depende também da presença de veículos no percurso pretendido e, se não houver nenhum veículo nesse percurso, não há necessidade de enviar estas mensagens para os novos sinais de trânsito. Para tal, pode utilizar alguns sensores para detetar a presença de um pequeno veículo para os novos sinais de trânsito. Se estes sensores detectarem a presença de um veículo na estrada, os novos sinais de trânsito continuarão a enviar mensagens e, se os sensores não indicarem a presença de um veículo na estrada, os sinais de trânsito também serão desactivados.

8-5 Tipo de mensagens enviadas aos veículos

Para os novos sinais de trânsito, é possível enviar mensagens de novos sinais de trânsito categorizados. E estas mensagens podem ser expressas em duas partes:

8-5-1. mensagens gerais

Estas mensagens incluem mensagens de carácter geral que se aplicam igualmente a todos os veículos que passam. Por exemplo, sinais que indicam que uma parte da estrada é uma passagem para peões e que todos os veículos são obrigados a respeitá-la.

8-5-2 Mensagens especiais

Estas mensagens incluem mensagens com um carácter especial e que são consideradas pela polícia de trânsito como destinadas a um tipo específico de veículo, por exemplo, sinais de trânsito que indicam a paragem do autocarro.

Capítulo 3

A tecnologia e o seu impacto em todos os domínios dos transportes urbanos

Introdução

A matrícula é um instrumento único de identificação do veículo e do seu proprietário, sobretudo porque permite obter informações completas sobre o veículo e o seu proprietário. A identificação automática da matrícula é um dos pré-requisitos mais importantes para os sistemas automáticos de controlo do tráfego e das infracções. Todos os dias são cometidas centenas, ou mesmo milhares, de infracções de trânsito, e as imagens dos vários veículos são captadas por câmaras especiais. Se todas estas imagens tiverem de ser verificadas por uma pessoa e o número da matrícula tiver de ser introduzido manualmente, perde-se tempo e mão de obra. Por conseguinte, o reconhecimento automático de matrículas e a identificação de matrículas por software são importantes (Nasiri, Naghi; Ibrahim Pishashpour e Davood Jalali, 2016).

Devido ao facto de a máquina do sistema de tráfego e o avanço da tecnologia, existe a necessidade da produção de sistemas inteligentes, de controlo e gestão de veículos; vários sistemas foram introduzidos para identificar e autenticar veículos nos últimos anos, mas a identificação de veículos pelo número de matrículas é uma das melhores práticas para a identificação de veículos, incluindo veículos na estrada. Existem muitos problemas e desafios na identificação de matrículas e no reconhecimento de matrículas, que a partir dos seus exemplos incluem uma variedade de formatos simples, rotações, transições, mudanças de escala, condições de iluminação irregulares, ruído, caracteres partidos e colados, baixa resolução e mate, um dos principais desafios que ainda não foi tão bem resolvido é mencionar o problema do mate da matrícula desfocagem das imagens das matrículas no momento da imagem. Este problema pode ser observado nas chapas de matrícula fotografadas. Impede a identificação correcta dos caracteres utilizando as melhores técnicas disponíveis e reduz o desempenho dos sistemas de identificação de matrículas (Pourghorban, Mohammad Reza; Sajjad Farokhi; Mohammad Hossein Nadimi, Hassan Rahmani, 2016). Por conseguinte, verifica-se que, devido ao facto de se tratar de uma máquina para sistemas de transporte, a necessidade de desenvolver métodos inteligentes de deteção de veículos ganhou importância. Atualmente, existem muitos sistemas que utilizam a deteção de matrículas de veículos, incluindo sistemas inteligentes de identificação de matrículas, como todos os parques de estacionamento, vias rápidas, estradas com portagem, zonas de tráfego e auto-estradas, para controlar os veículos e recolher informações precisas e completas sobre o seu tráfego. (Qiyomi Anaraki, Behzad; Mahdi Shahri Moghaddam; Farideh Cheraghi Shami, And Najmeh Eghbal 2015), para identificar um veículo, a tecnologia de reconhecimento de matrículas é a tecnologia-chave de qualquer sistema de transporte inteligente, localizando veículos roubados, monitorizando os fluxos de tráfego na cidade, cidades, portagens em auto-estradas, etc. A questão mais importante em tais sistemas é a localização exacta da vinheta, a deteção de veículos roubados, a monitorização dos fluxos de tráfego na cidade, nas cidades, as portagens nas auto-estradas, etc. O problema mais importante destes sistemas é a localização exacta da vinheta, uma vez que o posicionamento da chapa de matrícula e o seu tamanho e cor podem variar. A localização, a limpeza / não limpeza da matrícula são diferentes para muitos veículos (Fakadi, Mohammad; Behrang Barkatin e Sajad Farrokhi, 2016).

Hoje em dia, para além das sanções pesadas, são utilizadas tecnologias avançadas nos países mais avançados para reduzir os acidentes de viação e as vítimas, para controlar o mais pequeno comportamento dos condutores, e os radares de controlo da velocidade desempenham um papel fundamental. Utilizando câmaras de reconhecimento de matrículas montadas em postes especiais, as velocidades dos veículos que passam são calculadas em linha. E enviadas com a matrícula e fotografias a cores a preto e branco para os servidores centrais através de uma ligação de telecomunicações. (Ashrafzadeh Aidinlo, Atta; Hasan Baghban; Hooman Sharifi e Amin Ashrafzadeh Aidinlo, 2016).

Talvez o método de deteção utilizando câmaras de placas seja um dos métodos mais comuns de deteção de placas, pelo que precisamos de saber como os seus métodos de deteção de placas consistem em várias etapas.

Os sistemas de reconhecimento de matrículas compreendem geralmente três etapas básicas:

1. Identificação da chapa de matrícula

2. Isolamento das personagens

3. Identificação dos caracteres

Entre estas características, a identificação da localização da matrícula é a mais importante, uma vez que afecta diretamente os resultados das etapas seguintes. (Tabatabaee, Hamid; Hossein Salami; Mohsen Najafzadeh e Saman Poursiha Navi, 2016). Os sistemas de transporte inteligentes são atualmente apresentados como uma solução inevitável para os muitos congestionamentos de tráfego e as perdas de tempo, humanas e financeiras (Kameli Vahid, Hadi Gerailoo, 2016).

É por isso que os sistemas de transporte inteligentes são atualmente vistos como uma solução para muitos problemas de transporte. E não se trata apenas de um fator ou de um método proposto. Juntamente com eles, os veículos autónomos também entraram no domínio do tráfego e resolveram os seus problemas, e atualmente muitos investigadores estão a estudar estes veículos como uma solução para muitos problemas de tráfego.

A tecnologia de veículos de condução autónoma é um conjunto de tecnologias utilizadas num veículo, incluindo sensores, câmaras e outros dispositivos electrónicos. A expansão desta tecnologia, devido ao seu impacto económico fundamental e positivo, atraiu a atenção dos fabricantes de automóveis, das empresas e até dos governos. (Nasr, Ali e Farzan Majidfar, 2015) A utilização de veículos autónomos tem aumentado de forma constante nos últimos anos e prevê-se que este crescimento se acelere no futuro. Em geral, pode dizer-se que a utilização de veículos não tripulados em locais onde é difícil ou impossível a presença de pessoas é de grande importância. Por exemplo, estes veículos podem ser utilizados no domínio da tecnologia nuclear. A investigação sobre este tipo de veículos centra-se principalmente no domínio do controlo de robôs e de veículos à distância (Bostan Manesh Moghaddam, Saeed, 2010).

1. Matrícula do veículo

A chapa de matrícula é uma das partes mais reconhecíveis de qualquer veículo e é uma peça do veículo que tem uma série de números e letras nela existentes, e esta série de números e letras representa o veículo e pertence exclusivamente a ele. Por outras palavras, na chapa de matrícula encontram-se muitas das características do veículo, incluindo o proprietário e o modelo do veículo, etc. A chapa de matrícula dos veículos, na sua forma tradicional, tem geralmente uma forma retangular e, a este respeito, entre veículos diferentes têm as mesmas características, mas, dependendo da sua utilização, podem ter desenhos e cores diferentes. As letras e os caracteres gravados na chapa de matrícula são diferentes nos vários países.

2. Forma tradicional da chapa de matrícula

Como já foi referido, a forma tradicional da chapa de matrícula é retangular e, normalmente, tem um sexo de aço que a localiza no centro da parte traseira e dianteira do veículo, de modo a permitir uma visão completa durante a deslocação do veículo. Normalmente, a chapa de matrícula é iluminada com uma lâmpada para que possa ser lida à noite. As chapas de matrícula têm um significado especial para o reconhecimento do veículo em caso de acidentes de viação ou de infracções rodoviárias. Deste modo, os leitores de matrículas reconhecem o veículo infrator com base na leitura da sua matrícula.

Uma das coisas que se pode observar hoje em dia é que a matrícula ainda mantém a sua forma tradicional e foi menos alterada, pois pode dizer-se que um veículo muito equipado e avançado atualmente, como os veículos autónomos, tem o mesmo tipo de matrícula que um veículo convencional. Por conseguinte, é de notar que esta forma de matrícula foi moderadamente modificada, mas manteve o seu quadro geral. Não se deve esquecer que tem tido um bom desempenho até à data.

3. Desvantagens da forma tradicional da chapa de matrícula

Embora a forma tradicional de chapa de matrícula tenha tido um bom desempenho até à data, deve dizer-se que esta forma de chapa de matrícula também tem uma série de desvantagens, algumas das quais são enumeradas a seguir:

1. Roubo de chapas de matrícula tradicionais: As matrículas tradicionais são vulneráveis ao furto porque estão montadas no exterior do veículo e são acessíveis a qualquer pessoa, pelo que qualquer pessoa pode utilizar uma ferramenta simples utilizada para moldar a alavanca e tentar furtar uma matrícula, podendo também ser utilizada por matrículas furtadas noutros locais.
2. Erosão da chapa de matrícula: Como as chapas de matrícula são montadas no exterior do veículo, estão constantemente expostas a várias influências que as corroem com o tempo, tornando-as difíceis de ler.
3. Matrícula e leitura nocturna: absolutamente para ler e normalmente ver a necessidade de luz, por isso, à noite, não há a possibilidade de a ler ou será difícil se a luz não for adequada à matrícula.
4. Possibilidade de manipulação da chapa de matrícula. Se as matrículas estiverem disponíveis, existe facilmente a possibilidade de as adulterar, ou seja, esta adulteração pode ser feita cobrindo-as com um objeto ou material de cobertura como a lama e alterando os números com cores, etc., e também esta alteração pode ser feita pelo proprietário do veículo ou por outra pessoa.
5. Efeito indesejável na aparência do veículo: Uma das outras desvantagens

da chapa de matrícula tradicional é a descontinuidade dos distintivos na forma tradicional.

4. O efeito de uma chapa de matrícula tradicional nos condutores

Talvez a caraterística secreta de cada ser humano seja ser ativado, o que é feito sob a forma de hábito e quase involuntariamente. Neste caso, o impacto de um distintivo na sua forma tradicional nos condutores pode ser a leitura involuntária da matrícula de outros veículos pelos condutores. Em alguns casos, ver a matrícula, os números ou as letras especiais pode resultar em distração do condutor?

5. Oferecer uma proposta sobre o impacto da tecnologia na forma tradicional da chapa de matrícula tradicional

Hoje em dia, todos sabemos que o impacto do rápido avanço tecnológico em várias áreas da vida humana é inevitável, e uma dessas áreas pode ser a matrícula do veículo, e uma vez que os veículos autónomos são atualmente a área mais investigada neste campo, estamos a tratar destes veículos e do impacto da tecnologia na sua matrícula, mas para melhor expressar este tópico, vamos tentar ilustrar este processo passo a passo:

5-1 Etapa I: Atribuição do código especial

Como sabemos, atualmente, na indústria automóvel, cada veículo que é construído tem alguns números próprios. Estes números são determinados com base em factores específicos e com base nas suas próprias normas específicas para cada veículo. Para utilizar a tecnologia das matrículas na indústria automóvel, e especialmente nos veículos autónomos, também precisamos de números especiais para eles, que mais tarde serão utilizados pelo mesmo número em vez da matrícula, de modo que a cada veículo autónomo deve ser atribuído um número totalmente dedicado com base na identificação do veículo autónomo e este número de atribuição deve ser totalmente definido. E antes do arranque do veículo autónomo, este número é desativado e, com o arranque do veículo autónomo, é ativado.

5-2 Etapa II: Tecnologia para veículos autónomos

Todos sabemos que atualmente estão a ser feitos esforços para tirar partido das mais recentes tecnologias nos veículos autónomos, e uma dessas tecnologias é o posicionamento geográfico preciso do veículo, de modo a que o veículo autónomo utilize um grande número de tecnologias avançadas para, em última análise, identificar o local onde se encontra. No entanto, é de notar que, se existir um sistema centralizado específico (o sistema de processamento central de que falámos nos capítulos anteriores), os dados obtidos podem ser enviados para esse sistema e, assim, a localização do veículo pode ser determinada a qualquer momento.

5-3 Etapa III: Combinação dos códigos especiais do veículo autónomo e do sistema central de processamento

Como mencionado acima, os códigos especiais para cada veículo autónomo representam apenas um veículo autónomo e, quando é ativado no sistema central de processamento urbano, o sistema processa continuamente a localização, a posição e o desempenho do veículo autónomo, pelo que se deve dizer que, após a ativação do código de ativação do veículo autónomo, a localização do veículo autónomo é sempre determinada no local onde é implantado, além disso, muitas outras características são apresentadas no sistema central de processamento.

5-4 Etapa IV: Chapa de matrícula - dispositivos de medição

Obviamente, o erro em qualquer instrumento e dispositivo pode ser criado intencionalmente ou não, para este efeito, é melhor considerar uma ferramenta adicional para esta importante questão e, para este efeito, os indicadores de matrícula podem ser uma das ferramentas mais ideais. Na definição de dispositivo de medição da matrícula /A, deve dizer-se que o dispositivo de medição da matrícula é um dispositivo constituído por dois componentes de hardware e de software que são responsáveis pelo registo do número de propriedade (matrícula) do veículo autopropulsado quando este passa fora das suas imediações, por outras palavras, deve dizer-se que o dispositivo de medição da matrícula comunica com o sistema processador do veículo no momento da passagem do veículo autopropulsado fora das suas imediações, onde a chapa de matrícula foi instalada comunica e recebe o número dedicado e envia o resultado para o sistema processador central, pelo que o sistema da unidade central de processamento ajusta estes dados aos dados já disponíveis e, em caso de contradição, anunciando uma mensagem de erro a um veículo autónomo e a um sistema processador de veículos autónomos, esta contradição é anunciada nos dados.

5-5 Etapa V: a remoção da placa física dos veículos autónomos

Considerando toda a tecnologia presente nos veículos autónomos, é de notar que não há praticamente necessidade de matrículas físicas nestes veículos, porque na presença de um dispositivo de controlo, como a posição específica do veículo autónomo no sistema de processamento central, bem como dispositivos de medição de matrículas, a qualquer momento, a posição dos seus veículos pode ser totalmente determinada. Assim, se ocorrer uma infração por parte de um veículo autónomo, esta pode ser adicionalmente rastreada, existe uma parte no veículo autónomo, tal como a caixa negra da aeronave, que regista e mantém os eventos completamente, uma vez que muitas funções do veículo podem ser rastreadas desta forma, e é também possível que, em termos de comunicação entre o veículo autónomo e outros veículos, o que, por sua vez, torna mais justificável a eliminação de uma matrícula física, e deve também dizer-se que as câmaras de controlo urbano são também úteis.

5-6 Etapa VI: Substituição da chapa de matrícula física

Com a remoção das matrículas físicas deve seguir-se para uma ferramenta alternativa, sendo a forma mais ideal a utilização do código de controlo do veículo autónomo, que é constantemente controlado pelo sistema de processador central e pela matrícula - manómetros e outros dispositivos de controlo. Mesmo que ocorra um acidente, os peões e as testemunhas do acidente podem facilmente localizar o veículo autónomo através destas ferramentas, bastando para isso anunciar o modelo do veículo.

5-7 Etapa VII: Fase de transição

Todos sabemos que a transição de uma fase para a outra deve ser acompanhada de uma certa consciencialização dos consumidores e daqueles que estão diretamente envolvidos com esta tecnologia.sobre este novo design que resultará na eliminação das matrículas físicas na sua forma atual e se transforma em matrículas mais eficientes, mas é considerada uma tecnologia que não é exceção a esta regra. Por isso, talvez uma das opções mais ideais para uma fase de transição seja a conceção de matrículas digitais que sejam montadas no sítio certo atrás do carro e utilizem tecnologias como LEDs, etc.

5-8 Etapa VIII: Contactar o proprietário do veículo

Certamente haverá momentos em que você precisa saber a placa de matrícula diretamente ou se o proprietário do veículo deve ser chamado para estacionar de acordo com as condições da localização do veículo nestes casos, a melhor parte do modo de uso onde as pessoas ao redor do veículo pode fazer isso tocando algumas vezes na parte que está embutido neste trabalho, Esta seção pode ser colocada sob o para-brisa do carro e a pessoa tocando nele entregar uma série de mensagens sobre ele. Estas mensagens estão divididas em três partes:

1. A primeira secção envia uma mensagem para as câmaras do veículo e

Capítulo 4

Utilização de veículos autónomos em veículos partilhados

Introdução

O veículo autónomo é um robô móvel com navegação multissensorial integrada e tomada de decisões inteligente. (Nourolahzadegan, Mohsen e Arshia Badi, 2016). A crise do tráfego é um dos problemas do ambiente urbano em todo o mundo. Esta crise deve-se ao crescimento da população e ao consequente aumento do número de veículos nas estradas. Ideias como a utilização de um serviço de partilha de boleias podem reduzir significativamente o tráfego urbano (Arabshahi, Afsaneh; Nik Mohammad Baloch Zahi e Ahmad Bakhtiari Shahri, 2016). A partilha de veículos é uma forma de reduzir o congestionamento do tráfego nas grandes cidades e diminuir os custos de deslocação (Moghareb, Farhad, 2016). Benefícios como a eliminação dos custos de depreciação e seguro dos veículos, a acessibilidade dos veículos a todos os segmentos da população e a redução do consumo de combustível e da poluição atmosférica são apenas alguns dos incentivos conhecidos para a partilha de veículos (Nazarniya, Adel, 2013). Hoje em dia, com o aumento da propriedade de veículos privados, o número de veículos nas estradas aumenta todos os anos e provoca um aumento da poluição atmosférica e um aumento do número de acidentes na rede rodoviária, pelo que, na maioria dos países do mundo, as pessoas são encorajadas a fazer viagens múltiplas, como a utilização de transportes públicos com a partilha de veículos privados. (Fatemi, Mohammad e Farnaz Derakhshan, 2015). A partilha de automóveis é uma das formas mais eficazes de reduzir a utilização de veículos privados e é utilizada na maioria dos países avançados para beneficiar dos seus efeitos positivos (Nader Rahmani, Coronel; Rahim Ramadan Aghaee e Mohammad Bagher Salimi, 2013).

1. A investigação dos veículos autónomos

Hoje em dia, assistimos a uma enorme evolução na indústria automóvel mundial, evolução essa que pode conduzir a uma tecnologia enorme e inovadora na indústria automóvel mundial e que torna mais fácil e mais agradável a condução de um veículo, além de proporcionar uma condução mais segura e também os benefícios dos veículos autónomos podem ser o aumento do tempo útil dos seus utilizadores, desta forma, o tempo de condução de um veículo da forma tradicional em que o condutor só tem de estudar o veículo com a tecnologia dos veículos autónomos pode estudar, ou fazer chamadas telefónicas, etc. Nesta tecnologia, a ciência pode controlar o veículo de condução autónoma automaticamente e sem intervenção humana, e os seus ocupantes chegarão ao seu destino.

2. Um relatório sobre um veículo partilhado

O objetivo do projeto é aumentar a utilização de veículos com vários ocupantes e reduzir assim o número de veículos com apenas um ocupante. O resultado é uma redução do congestionamento do tráfego, mas este tipo de transporte exige uma coordenação entre os proprietários dos veículos e as pessoas que viajam juntas no mesmo trajeto.

3. Verificar o número de pessoas necessárias para o veículo

Hoje em dia, uma das necessidades mais evidentes de todas as famílias urbanas é a necessidade de possuir um veículo particular, não podendo ser ignorada, aliás, um fator que deve ser estudado, ou seja, um levantamento do grau de utilização deste veículo urbano, que possa reduzir a sua utilização nos sistemas de transportes urbanos.

Em contrapartida, a falta de sistemas de transporte urbano de qualidade pode aumentar a utilização de veículos na cidade. Hoje em dia, outra questão que tem merecido mais atenção é a dos veículos colectores, o que, por sua vez, reduz a utilização de veículos privados e, subsequentemente, reduz o tráfego. Mas a questão que tem merecido menos atenção é a necessidade de as famílias terem um segundo e, por vezes, um terceiro veículo, o que, por sua vez, será uma série de eventos e questões específicas, à primeira vista, a utilização de um segundo ou terceiro veículo numa família e os custos associados podem afetar parte do capital e das poupanças da família, enquanto este capital pode ser mais bem gasto noutra secção e tudo isto enquanto o segundo veículo é muitas vezes comprado para uma dona de casa ou para os filhos e é possível que durante a semana não haja necessidade de ser permanente, podendo ser utilizado apenas durante algumas horas em alguns dias da semana.

4. Apresentar uma oferta

Nesta investigação, tentámos propor uma estratégia de combinação de veículos autónomos e veículos partilhados para satisfazer as necessidades das famílias com um segundo ou terceiro veículo. Embora este método possa ser utilizado por famílias que não utilizam muito os seus veículos pessoais como alternativa à compra de um veículo, para uma melhor explicação desta questão, podemos descrevê-lo em várias etapas:

4-1 Etapa I: Viabilidade

O primeiro passo é perguntar se este método é viável ou não? Tendo em conta os pormenores de cada projeto, pode concluir-se que o êxito ou o fracasso de cada projeto na fase de execução requer um conjunto específico de condições e uma infraestrutura específica. O regime proposto não é exceção.

4-2 Etapa II: as exigências do plano

4-2-1. Necessidade de transporte e de deslocação das famílias

Como foi referido no início, todas as famílias têm necessidade de um veículo, só que diferem na quantidade e no tipo de utilização do veículo, o que pode ser um fator para determinar o número de veículos por família. Por isso, a primeira grande questão que existe neste plano é a necessidade de um veículo, a partir do qual se consegue atingir a necessidade do projeto, pelo que, de acordo com a necessidade das famílias de veículos, a necessidade deste plano também o será.

4-2-2 A necessidade de veículos inteligentes

O segundo pré-requisito para o sucesso deste plano é a existência de veículos capazes de cumprir as suas tarefas independentemente dos seres humanos, e o exemplo mais proeminente neste contexto são os veículos autónomos - estes veículos estão certamente a desenvolver-se rapidamente neste momento, são parte integrante da indústria automóvel global, como indicam algumas das previsões, que, num futuro próximo, o veículo na sua forma atual só será utilizado em ocasiões especiais ou competições desta natureza ou para comemorar o passado da indústria automóvel global, mas ainda no futuro, mesmo que alguém queira experimentar a condução por divertimento, poderá fazê-lo retirando o veículo autónomo do modo de condução durante o tempo necessário. Noutros casos, o veículo autónomo com modo de condução autónoma terá precedência, e é isso que as pessoas procuram para melhorar a sua qualidade de vida.

4-2-3 Necessidade de um sistema centralizado e de um coordenador

É preciso não esquecer que todos os planos, sobretudo os projectos de grande envergadura, necessitam de um sistema de gestão responsável pela coordenação dos diferentes serviços para serem bem sucedidos.

4-2-4. A necessidade de um parque de estacionamento especial para o efeito

Para este plano, temos de prever locais onde possamos assegurar o estacionamento de veículos autónomos sem ter em conta outros parâmetros indesejáveis.

4-2-5. A necessidade de as pessoas se familiarizarem com este sistema

Tal como acontece com qualquer novo sistema e conceção criados no âmbito deste plano, as pessoas terão primeiro de se familiarizar com o seu funcionamento e os pormenores do plano ser-lhes-ão ensinados para que possam programar as actividades associadas à utilização deste plano.

4-3 Etapa III: Como este modelo pode ser utilizado

A: Especificamente, cada pessoa na sua vida diária usa o seu próprio horário diário de actividades, e de acordo com este horário diário pode ser planeado que e de acordo com a mesma tabela de planeamento onde e quando é o lugar onde a pessoa vai para ir lá ou onde ele vai para trabalhar lá todos os dias.que determinam se uma pessoa em um dia ou se com um determinado horário semanal ou mensal durante essa semana ou mês, quais as actividades a serem feitas, certamente, os lugares que são supostos para ir ao longo desse período será certo.
B: Se souber a altura e o local onde vai viajar durante um dia, um mês ou um ano, pode facilmente determinar as suas necessidades em termos de

veículo próprio. Desta forma, pode determinar para que locais vai precisar do seu próprio veículo.

C: Ao identificar as necessidades de um veículo individual, o indivíduo pode facilmente utilizar o sistema de gestão do plano e utilizá-lo durante o tempo necessário e no seu destino preferido, alugar um veículo durante um período específico ou alugar uma varredura específica de um veículo dedicado.

4-4 Etapa IV: revisão do sistema de gestão

A este nível, o sistema de coordenação e gestão central tem a tarefa de coordenar e gerir as encomendas relacionadas com as instalações do sistema, tais como o número de veículos disponíveis e, se possível, os veículos autónomos são entregues à pessoa que os encomendou através da atribuição da encomenda individual no sistema central, os dados relacionados são transmitidos ao departamento de acompanhamento de encomendas e, numa determinada data e hora, o veículo autónomo sairá do parque de estacionamento central, dependendo do tempo que o veículo demora a chegar a esse local.

Desta forma, o veículo está pronto para o cliente a uma hora específica no local correspondente e é utilizado para o serviço se o cliente necessitar de mais do que o tempo encomendado. Se faltar meia hora para o fim do tempo de encomenda, o sistema central é informado de que o veículo ficou em serviço e será substituído por outro veículo quando for efectuada a próxima encomenda. Com este plano, cada família pode satisfazer as suas necessidades de veículos com os veículos de que dispõe e, além disso, esta funcionalidade também tem em conta que, em caso de necessidade urgente de veículo, a pessoa utilizará veículos em estações temporárias em vez do parque de estacionamento central de veículos. Com este plano, esta necessidade será plenamente satisfeita. O projeto tem também o potencial de proporcionar às pessoas que fazem as viagens um percurso partilhado, verificando o sistema de controlo central e coordenando-os identificados e, se quiserem, utilizarão em conjunto um veículo autónomo.

Capítulo 5

Veículo autónomo e uma análise pormenorizada dos aspectos técnicos e científicos para evitar erros

Introdução

Devido à concorrência intensa e científica que existe entre os fabricantes de automóveis, a exatidão dos dados medidos nesta indústria e nos veículos produzidos é de grande importância e, a este respeito, os veículos autónomos são também mais sensíveis devido às suas características específicas, devido à concorrência intensa e científica que existe entre os fabricantes de automóveis, a exatidão dos dados medidos nesta indústria e nos veículos produzidos é de grande importância e, a este respeito, os veículos autónomos são também mais sensíveis devido às suas características específicas, que existe entre o fabrico de automóveis e o veículo e a exatidão dos elementos medidos nesta indústria e veículo é de grande importância e, a este respeito, os veículos autónomos são também mais sensíveis a este respeito devido às suas características específicas muitos dos existentes nos veículos autónomos são o componente de peças que estão direta e indiretamente relacionadas com a aceleração da gravidade. Sem dúvida que a grandeza física g, a aceleração da gravidade, é desconhecida com um valor de 8,9 metros por segundo ao quadrado, apesar de não ser fixa na superfície da Terra. Existem várias maneiras de determinar esta grandeza física, uma das quais é utilizar o movimento de queda livre. Assumindo que a localização e a distância temporal do corpo são conhecidas tanto no estado inicial (momento de queda livre) como no estado secundário, a quantidade g pode ser determinada por um simples cálculo. A distância entre as duas posições primária e secundária é determinada através da medição do comprimento. No entanto, não é possível medir o momento do início da queda livre e o tempo de trânsito de uma posição secundária sem a utilização de instrumentos precisos [Ismailpour et al., 2009]. Normalmente, assume-se que a aceleração devida à gravidade é constante, mas na prática esta aceleração não é fixa devido à forma específica da Terra [Ahmadzadeh e et al, 2011]. E este parâmetro é também eficaz na determinação dos registos registados por estes veículos.

1 .lei global da gravidade

As forças exercidas sobre um corpo provêm de corpos que formam o ambiente do corpo, pelo que cada força individual é, na realidade, parte da interação mútua entre dois corpos. As experiências mostram que, quando um corpo exerce uma força sobre outro corpo, o segundo corpo exerce sempre forças sobre o primeiro corpo, o que faz com que estas duas forças sejam sempre de sentido oposto e iguais [Pashaei Rad et al., 2002].

A força exercida por duas partículas que entram nas massas m1 e m2 e r perpendiculares entre si é uma força gravitacional que actua ao longo da linha de fronteira das duas partículas, cuja magnitude é dada pela equação [1]. A força exercida por duas partículas nas massas m1 e m2 a uma distância r é a força gravitacional que actua ao longo da linha de fronteira das duas partículas, cuja magnitude é dada pela equação [1]:

$$F = gm_1m_2/r^2 \qquad (1)$$

G é uma constante universal e o seu valor é o mesmo para todos os pares de partículas. É a lei global da gravidade de Isaac Newton. O valor de g pode ser determinado por testes exactos. Este teste foi efectuado pela primeira vez por Lord Cavendish em 1798. Atualmente, o valor reconhecido para g é G = 6,67 x 10-11 [Encyclopaedia of Growth].

A aceleração gravitacional é a aceleração que actua sobre os objectos devido à força da gravidade. [2]Em diferentes partes do mundo, os objectos são absorvidos em direção à Terra com uma aceleração entre 9,78 e 9,82 m/s, que depende da latitude desse ponto. [2]Normalmente, o valor médio desta grandeza, que se considera fixa nas relações, é de 9,80665 m / s [wikipedia]. Como se sabe, a causa deste fenómeno deve-se à diferença do raio do planeta Terra em diferentes partes do mesmo.

2 . Gravímetro

Em geral, para a execução de muitos trabalhos utiliza-se o nível médio de aceleração gravitacional, mas em casos relacionados com cálculos específicos, é necessário determinar o nível exato de aceleração gravitacional, em actividades científicas, de investigação e tecnológicas, e para a medição da aceleração gravitacional é normalmente utilizado o seguinte gravímetro:

1. Gravímetro absoluto

2. Gravímetro relativo

3. Gravímetro Worden

4. Gravímetro romberg

5. Gravímetro supercondutor [Gholipour, 2014].

3. Os efeitos da aceleração gravitacional nas actividades quotidianas

Como sabe, muitas actividades diárias são direta e indiretamente afectadas pela aceleração da gravidade. Para uma melhor explicação, podemos dar um exemplo:

Um futebolista pontapeia a bola a uma velocidade de 15,5 metros por segundo, num ângulo de 36 graus em relação ao horizonte, assumindo que a bola se desloca num plano vertical,

a) Quanto tempo é necessário (t_1) para que a esfera atinja o seu pico?

B) A que altura é que as bolas sobem?

C) Qual é o alcance da bola e o seu tempo de voo?

d) Determinar a velocidade da bola no momento em que atinge o solo [Pashaei Rad et al., 2002].

Table (1)

Row	1	2	3	4	5
equation	$t = \dfrac{v_0 sin\emptyset. - v_y}{G}$	$Y = (v_0 sin\emptyset.)t - \dfrac{1}{2}gt^2$	$R = \dfrac{(v_0).(v_0)}{G} sin2\emptyset.$	$t_2 = \dfrac{2v_0 sin\emptyset.}{G}$	$v = \sqrt{(v_x^2 + v_y^2)}$
Title	Time to reach the peak	Peak height	Ball Board	Time to return the ball to the ground	The speed of the ball at the moment of collision with the ground
Amount	T = 0.93 s	Y = 4.2 m	R = 23.3 m	T=(2*t_2) = 2*1.86 s	V = 15.5 m/s

relações e valores necessários para o exemplo acima [Pashaeirad et al., 2002].

Como se pode ver no quadro acima, quase todas as respostas a este exemplo se referem direta ou indiretamente à alínea g)

Muitos factores que desempenham um papel nas actividades diárias em todo o mundo também têm a ver com (g)

Atualmente, o planeta é considerado como uma esfera inteira, enquanto que a realidade da forma da Terra é diferente e, consequentemente, a quantidade (g) é fixada para todos os pontos do solo, as suas camadas constituintes, a longitude e a latitude e os círculos da Terra, a altura deste ponto, o tempo de medição, a massa entre as estações, o plano de base e as massas de posicionamento, consideradas na gravimetria. A aceleração normal devida à gravidade varia consideravelmente de um ponto para outro. Estas variações são previsíveis e mensuráveis com precisão suficiente [Gholipour, 2014.

Portanto, vemos que vários factores afectam a medição da aceleração gravitacional da Terra. Mas talvez o mais proeminente seja o facto de a mesma quantidade de r ou raio da Terra, devido à forma do planeta Terra, variar em diferentes partes da Terra. Para além do exemplo anterior, os resultados obtidos podem ser utilizados para outras actividades, incluindo a determinação exacta do consumo de combustível, etc. De acordo com os resultados obtidos do desempenho de um veículo autopropulsado, para além do tempo de deslocação até ao local onde o mesmo se encontra, pode dizer-se que, dado o facto de os veículos autopropulsados possuírem tecnologias de ponta, é necessário ter em conta que, consequentemente, é preciso ter a máxima precisão em diferentes partes do mesmo. Por exemplo, o consumo de combustível de um veículo depende muito do peso do veículo, se o utilizarmos da forma habitual e tendo em conta a quantidade de aceleração gravitacional sobre o planeta terra isso é possível, mas com base no que foi utilizado sobre a quantidade (g) para determinar a quantidade exacta de combustível, não há precisão suficiente devido à diferença na quantidade de (g) em diferentes partes da terra.

4. Proposta de regulamento

Tendo em conta que, no mundo de hoje, a indústria automóvel é completamente profissional e que todos os fabricantes de automóveis tentam melhorar os seus recordes em várias áreas de veículos ou estabelecer novos recordes com base nos seus recordes mundiais documentados, e que, para tal, tentam utilizar todas as tecnologias do mundo e as suas capacidades, a precisão na medição dos recordes documentados é também muito importante e, como podemos ver, existem muitas tecnologias neste domínio. E aqui a importância do efeito da quantidade de mudança (g) torna-se mais evidente

Para resolver este problema, propomos uma solução que será discutida em várias etapas: **Etapa I:** Nesta etapa, a quantidade (g) é determinada com alta precisão para a área em que os conjuntos de dados desejados devem ser medidos por dispositivos que estão disponíveis para este fim.

Etapa II: Nesta fase, é efectuada a medição dos diferentes codificadores e, com base nos resultados obtidos, são determinadas as melhores gravações para os veículos ideais nesta produção automóvel.

Etapa III: Nesta fase, os resultados obtidos para estas medições são transferidos do sistema de medição local para o sistema de medição global e, em termos da quantidade (g) da região e da quantidade da sua diferença em relação ao valor médio (g), estes resultados obtidos são medidos novamente e registados para que os resultados sejam iguais e comparáveis aos resultados globais. Por conseguinte, propõe-se que, para a documentação de múltiplos conjuntos de dados dos dois sistemas de medição para os resultados utilizados no primeiro estado do sistema de medição, os resultados do sistema de medição local sejam determinados com base no valor médio (g) neste

No segundo sistema, que é o sistema global de resultados de medição, os resultados no sistema local de resultados de medição são convertidos de acordo com a altura real (g) no local do torneio e para a comparação de resultados em todo o mundo com base no mesmo procedimento, dependendo da altura das mudanças (g) em diferentes lugares. Assim, dependendo da influência da diferença no valor (g) em diferentes partes do planeta Terra, evita-se o erro indesejável na comparação dos resultados para o registo do fabrico de automóveis. [2]Portanto, no sistema de medição global, em vez de usar o valor médio (g = 9,8 m / s), o valor modificado (g), que é chamado (g') neste artigo, deve ser substituído nas relações relevantes para obter os mesmos resultados para comparação global. Obtêm-se assim os resultados.

[2]Portanto, os resultados obtidos na Tabela (1) são assumidos para um valor de (g = 9,8 m / s), e se quisermos aplicá-los ao sistema de medição global, devemos usar o (g') modificado para isso. Tabela (2). Esta tabela mostra que os resultados para um valor de (g') serão um novo valor.

Table (2)

Row	1	2	3	4	5
equation	$t = \dfrac{v_0 \sin\varnothing. - v_y}{g'}$	$Y = (v_0 \sin\varnothing.)t - \dfrac{1}{2}g't^2$	$R = \dfrac{(v_0).(v_0)}{g'}\sin2\varnothing.$	$t_2 = \dfrac{2v_0\sin\varnothing.}{g'}$	$v = \sqrt{(v_x{}^2 + v_y{}^2)}$
Title	Time to reach the peak	Peak height	Ball Board	Time to return the ball to the ground	The speed of the ball at the moment of collision with the ground
Amount	T = new	Y = new	R = new	T=(2*t₂) = new	V = new

As relações e os valores necessários no exemplo acima

A: (g') > (g)
B: (g') = (g)
C: (g') < (g)

O que é certo é que a quantidade de (g') aplicada a cada artigo na indústria automóvel varia e é diferente consoante o tipo de artigo. À primeira vista, isto pode parecer um ponto insignificante, mas se olharmos com atenção para o veículo para sermos competitivos na indústria automóvel, encontrá-lo-emos.

Capítulo 6

Previsão de acidentes antes da sua ocorrência pelo sistema central de processamento urbano para veículos autónomos

Introdução

Todos os dias, em muitos pontos da rede rodoviária, ocorrem acontecimentos que provocam engarrafamentos e põem em causa a segurança. Se os veículos pudessem ser equipados com informações sobre acidentes e condições de tráfego, a qualidade da condução poderia ser melhorada em termos de tempo, distância e segurança. As redes ad hoc veiculares surgiram recentemente, proporcionando uma rede eficiente, um veículo para a disseminação de alertas entre os veículos da rede, como o bloqueador na estrada. A grande variedade de disseminadores de dados na rede de veículos pode ser usada para informar os veículos sobre as mudanças nas condições de tráfego na estrada. Desta forma, é possível obter um sistema de tráfego eficiente (Kemeshk, Sarang, Hasan Ghaedi e Mohsen Zanganeh, 2013).

A ocorrência de acidentes está associada a factores eficazes. Existem três rubricas gerais: factores rodoviários e naturais, veículos e factores humanos, cada uma das quais inclui diferentes subsecções (Khademi, Faezeh al-Sadat, 2013). Uma das estatísticas mais fiáveis sobre acidentes e lesões é o papel de 90-70% dos factores humanos nos acidentes. Os factores humanos são a principal causa de 60% dos acidentes de viação e são também considerados um fator eficaz em 95% do total de acidentes. O erro humano manifesta-se sob a forma de uma incapacidade de compreender a situação, interpretar a informação, tomar decisões e reagir adequadamente. Os estados físicos e mentais adversos, incluindo a fadiga e a sonolência de um indivíduo, analisando e esgotando a energia e reduzindo a concentração, reduzem a capacidade do indivíduo para realizar cada um destes processos em momentos e locais adequados. Normalmente, nestes acidentes, o condutor sonolento desvia-se do caminho reto para a berma da estrada ou para o veículo contrário. Devido às altas velocidades, à incapacidade do condutor de evitar acidentes e até à incapacidade do condutor de travar, estes acidentes resultam geralmente em morte ou ferimentos graves (Soleimani Nejad, Azadeh e Mehdi Dehghani, 2014).

Com os veículos autónomos, o fator humano é praticamente eliminado durante o movimento automático do veículo e a condução automática. Assim, independentemente dos perigos colocados involuntariamente por outros veículos e pelo ambiente do veículo autónomo, pode assumir-se que esta parte dos acidentes e danos será completamente eliminada. Por conseguinte, podemos dizer que podemos oferecer novas soluções para melhorar o desempenho do veículo autónomo, que apresentaremos nesta secção.

Como já foi dito, há muitos factores que completam um caminho para além do caminho, como os sinais de trânsito, os guarda-corpos e as linhas da estrada, etc.. Estes factores aumentam a segurança na estrada (Hemmati Bahar, Mohammad e Mehdi Rahiminejad, 2015). Uma das características dos veículos autónomos é o facto de dependerem apenas ligeiramente de factores humanos e cumprirem a sua tarefa com a ajuda da sua própria tecnologia e dos dados que recebem do ambiente. A utilização de sistemas inteligentes tornou-se a melhor e mais eficiente ferramenta para as pessoas atualmente, pelo que os especialistas neste domínio estão a fazer o seu melhor para melhorar estes sistemas e torná-los mais práticos. Nos últimos anos, com o aumento do número de acidentes, estes sistemas também encontraram o seu lugar nos veículos (Soltani Sharifabadi, Ali e Majid Nikzad, 2016).

1. A previsão de acontecimentos

Nesta abordagem proposta, quase todos os veículos são identificados pela sua localização e posição, bem como pela sua velocidade e direção de movimento. Assim, se considerarmos cada veículo como um ponto que se move num gráfico (x, y, z), veremos que cada região da cidade é convertida num gráfico com uma série de pontos em movimento no seu espaço, que podem ser rapidamente reconhecidos de acordo com a sua direção e a direção do movimento desses pontos e também a velocidade do seu movimento, se houver alguma discrepância, de modo a que a unidade de processamento paralelo envie primeiro sinais de aviso ao veículo autónomo. E se não obtiver o resultado correto, pode parar automaticamente o veículo no local certo. Para compreender melhor este desempenho, pode ser utilizado um exemplo: suponhamos que os veículos autónomos se deslocam em direção ao cruzamento e que, do outro lado do cruzamento, se aproxima um veículo a alta velocidade. Presume-se que o condutor do referido veículo já não controla o veículo por qualquer razão (sono ou acidente vascular cerebral ao volante ou veículo defeituoso, neste caso, o centro de processamento paralelo enviará primeiro sinais de aviso ao veículo autónomo devido à velocidade anormal da aproximação dos dois veículos ao cruzamento. E só se, após a realização de cálculos, for possível garantir que o veículo não está parado a uma velocidade não autorizada. Envia a mensagem de paragem ao veículo autónomo. E o veículo autónomo pára antes do acidente, e o veículo atravessa o cruzamento sem colidir com ele. Ao prever um acidente, esta abordagem evitará o incidente.

2. Declaração de comportamento de risco de outros veículos

Naturalmente, o comportamento humano pode ser dividido em várias secções, uma das quais é o comportamento de risco. Uma dessas secções diz respeito ao comportamento de risco na condução de um veículo. Todos sabemos que uma série de movimentos do condutor ao conduzir um veículo no tráfego urbano são conhecidos como comportamentos de risco. Por outras palavras, os comportamentos de risco são aqueles que quase toda a gente conhece e consegue distinguir dos movimentos normais de condução. Por isso, pode dizer-se que, ao definir e identificar comportamentos de condução de alto risco para veículos autónomos, muitos dos perigos desses movimentos podem ser anunciados pelo sistema de alerta do condutor e uma cópia dos movimentos de alto risco pode ser enviada para o sistema central de processamento urbano, alertando-o para esses movimentos. Os veículos autónomos podem monitorizar o comportamento de outros veículos no seu sistema central de processamento, observando a sua envolvente. E se o comportamento de outros veículos corresponder aos comportamentos de risco definidos no sistema central do veículo, as características do veículo com comportamento de risco serão transmitidas ao sistema central de processamento urbano, e o sistema central de processamento urbano também analisará os dados enviados a vários veículos autónomos e decidirá então sobre o comportamento do referido veículo.

3. Análise de veículos e deteção de comportamentos de risco

O sistema central de processamento urbano, depois de receber dados sobre o comportamento de risco de um veículo nas vias de tráfego urbano, começa a comparar os dados recebidos com padrões pré-determinados de comportamento de risco e, se esses dados corresponderem a um comportamento de risco, as especificações desse veículo são incluídas no sistema central de processamento urbano como um veículo de risco. A partir deste momento, o sistema central de processamento começa a analisar o comportamento do referido veículo e, nesta fase, são examinados dados como os seguintes:

1. O percurso dos comportamentos de risco
2. Direção de deslocação do veículo com comportamento de risco

3. Número e tipo de veículos autónomos que circulam na trajetória de um veículo com comportamento de risco, etc.

4. Previsão e comunicação de perigos para veículos autónomos

Como já foi referido, o veículo com comportamento de risco é identificado, o trajeto e a direção do movimento do veículo com comportamento de risco são também determinados e os veículos autónomos que se encontram na rota de movimento deste veículo com comportamento de risco são também determinados. Com estes dados, o sistema central de processamento tem a tarefa de analisar, através de software, o veículo de alto risco em relação aos veículos autónomos localizados na sua direção de movimento. E, se com base nestas análises, existir a possibilidade de perigo para qualquer veículo autónomo, antes do início do perigo, o sistema central de processamento urbano irá alertá-lo para potenciais perigos, enviando mensagens de aviso para o seu sistema central de processamento. E neste caso, dependendo do nível potencial de risco que o veículo apresenta, os comportamentos de alto risco decidirão se devem continuar o movimento, pode ser em situações em que a probabilidade de acidente é elevada o sistema central de processamento urbano combinado com o sistema central de processamento urbano, de acordo com as circunstâncias para **parar** e parar o veículo autónomo no local autorizado mais próximo, ou nos casos em que a probabilidade de acidente é baixa, apenas reduzir a sua velocidade, para que o veículo através de comportamentos de alto risco.

5. O anúncio do risco aplica-se, em grande medida, aos veículos autónomos disponíveis no percurso

Ao identificar também um veículo com comportamento de risco, a trajetória e a direção do seu movimento enviarão imediatamente alertas para o sistema de processamento central de outros veículos autónomos, que podem ser colocados na direção da sua trajetória de movimento, e este será enviado para o seu caminho, e a localização exacta do veículo com comportamento de risco será determinada no ecrã de navegação do veículo, bem como dados como

1. A velocidade de deslocação dos veículos de risco

2. A direção de circulação dos veículos de alto risco

3. O percurso do transporte de um veículo de risco

4. Distância até ao veículo autónomo

5. Tempo possível para alcançar o veículo autónomo

Etc... Apresentada no ecrã do veículo autónomo para garantir a correção da decisão pelo sistema central de processamento e pelo sistema central de processamento do automóvel, é possível ser verificada e decidida pelo condutor. Porque os condutores podem considerar medidas mais cautelares, por exemplo, em vez de abrandar um pouco, fazer uma paragem completa na berma da passagem e em locais autorizados para eliminar o risco de um veículo com comportamento de alto risco.

6. Veículo com comportamento de risco

Como já foi referido, um veículo com comportamento de risco é um veículo que apresenta um comportamento invulgar que é consistente com os padrões previamente identificados no sistema central de processamento de dados para veículos autónomos e urbanos, e estes comportamentos podem levar a acidentes. Os veículos com comportamento de risco podem ser um veículo cujo condutor não se comporte normalmente por razões como o consumo de álcool ou similares, ou que esteja numa corrida com outro veículo; por outro lado, uma ambulância que inevitavelmente exceda o limite de velocidade ou um veículo da polícia que persiga o veículo de um suspeito também pertencem a este grupo.

7. A necessidade de acessibilidade dos dados de épocas anteriores

Todos sabemos que, em muitos casos, após um incidente, é necessário voltar a investigar o incidente para determinar a causa do mesmo e também para determinar a culpa pelo incidente. Talvez seja ideal conceber nos veículos autónomos uma peça semelhante à caixa negra do avião, com a diferença de que esta peça, para além de registar os acontecimentos no seu sector de memória, transmite os dados registados numa versão comprimida ao sistema de processamento central. (Ashrafzadeh Aidinlo, Atta; Hasan Baghban; Hooman Sharifi e Amin Ashrafzadeh Aidinlo, 2016).

Capítulo 7

Veículos autónomos: do consumo de energia à produção de energia

Introdução:

Para evitar a destruição, a preservação das florestas e a criação de florestas artificiais, precisamos de uma solução para queimar menos gás ou utilizar menos petróleo e carvão. Em termos de poupança de energia, os veículos eléctricos foram desenvolvidos como uma nova solução para a realização do segundo e terceiro casos, que, para além de reduzir o consumo de combustível, também reduz significativamente as emissões de gases com efeito de estufa. O termo "estações de serviço", que normalmente se refere aos veículos a gasolina e a gás, está a ser gradualmente substituído por estações de carregamento. No entanto, como a próxima geração de veículos caminhará para a eliminação da gasolina e para a utilização da energia eléctrica como fonte alternativa, é possível eliminar os postos de combustível numa iniciativa interessante e simples e fazer com que os veículos eléctricos sejam carregados na estrada durante a condução. Para atingir este objetivo, é necessário conceber rotas específicas que permitam aos condutores carregar um veículo enquanto conduzem e sem parar para reabastecer o veículo, imaginando não ter de se deslocar a postos de abastecimento para reabastecer (Shojaei, Ehsan, 2016). A utilização de veículos eléctricos pode ser um fator eficaz na redução da poluição causada pelos combustíveis fósseis. No entanto, com o aumento do número destes veículos, devem ser criadas estações de carregamento na rede (Naznodini, Alireza e Alimorad Khojazadeh, 2016). Os veículos eléctricos possuem baterias que podem armazenar energia eléctrica para satisfazer as suas necessidades de transporte, razão pela qual a flexibilidade dos veículos eléctricos tem sido associada à rede eléctrica. Com o advento dos veículos eléctricos, uma nova carga eléctrica é adicionada à rede. Por outro lado, o desenvolvimento da tecnologia de ligação veículo-rede é apresentado como produtos dispersos que posicionam o estacionamento de veículos eléctricos para poupar energia e também reduzir custos (Hamidia, Behnam e Vahid Amir, 2016).

Com a crescente influência dos veículos eléctricos e por diversas razões, incluindo a necessidade de carregamento rápido e a insuficiência de carregamento nas residências para fazer face à carga, é inevitável a necessidade de construção de postos de carregamento e a utilização de métodos de carregamento rápido (Amiri, Amir Behader e Mohsen Ghayni, 2015). Tendo em conta esta tecnologia e os problemas causados pela sua ligação à rede de distribuição durante a carga e descarga, é inevitável a necessidade de uma colocação e dimensionamento optimizados para este tipo de veículos. Um parâmetro que pode ser tido em conta na otimização destes postos é o custo, que pode ser analisado tanto do ponto de vista da rede como do proprietário do posto. As alterações introduzidas pela adição deste tipo de carregamento quando o veículo está a carregar na estação ou a produção distribuída devem ser geridas quando o veículo está a descarregar na estação, até que não haja perturbações no trabalho da rede de distribuição (Forouzan, Mehdi, Kazem Zare e Sayyad Nojavan, 2016). Devido ao elevado consumo de energia das estações de carregamento ou dos carregadores domésticos, a procura no sistema de distribuição aumenta drasticamente, o que conduz a um aumento das perdas e a uma diminuição do nível de tensão da rede de distribuição (Momeni, Amir Reza; Iman Asghari e Mohammad Reza Asghari, 2016). Por conseguinte, é necessário ter em conta este problema ao planear estações de carregamento e descarregamento construídas pelo próprio, para que não haja dificuldades na utilização posterior dessas estações. A aceitação pública da utilização de dispositivos limpos, como os veículos eléctricos, está a aumentar de dia para dia. Por outro lado, se fosse possível introduzir no mercado da eletricidade um mecanismo que beneficiasse tanto o consumidor como o utilizador independente do sistema, isso aumentaria a satisfação geral com o sistema. Os veículos eléctricos são uma dessas opções: com a participação adequada no mercado, podem também beneficiar da venda de eletricidade e a sua presença no mercado nas horas de ponta evita um aumento súbito dos preços de mercado e garante o seu equilíbrio. No entanto, se o mecanismo de participação destes veículos no mercado não for o ideal, estas unidades serão consideradas um fardo para o sistema, podendo mesmo levar a aumentos de preços no mercado e do custo dos veículos eléctricos (Seyyed Rudbaraki, Seyyed Mohammad Reza, 2017). Veículos eléctricos que têm a capacidade de se ligarem à rede

Podem ser utilizados como pequenas centrais eléctricas móveis, quando estes veículos estão estacionados no parque de estacionamento e não estão ligados à rede, podem fornecer energia à rede (Marousi Noushabadi, Mahmoud; Vahid Amir e Hassan Abdoli Alavi, 2015). Quanto à estrutura dos veículos autónomos, talvez a melhor fonte de energia para eles seja a própria energia eléctrica e os motores eléctricos.

1. veículos autopropulsados

Numa definição simples de veículos autónomos, deve dizer-se que um veículo autónomo é, na verdade, um robô que tem a tarefa de completar um determinado percurso em cada missão e levar o seu veículo e passageiros em segurança ao seu destino. De acordo com esta definição, apenas o desempenho e a tarefa de um veículo autónomo são determinados e deve também acrescentar-se que um veículo autónomo executa estas tarefas com energia e esta energia pode agora ser fornecida a partir de combustíveis fósseis, eletricidade ou uma combinação dos dois.

2. Fonte de alimentação eléctrica para veículos autónomos

Um veículo elétrico de condução autónoma pode ser alimentado de diferentes formas, por exemplo, através de células solares, estações de carregamento municipais, carregadores domésticos ou instalações de carregamento em parques de estacionamento. Recentemente, alguns estudos consideraram a construção de estradas que podem ser utilizadas para carregar veículos eléctricos em movimento.

2-1. carregamento de veículos eléctricos autopropulsados através das vias de passagem que dispõem desta tecnologia

O carregamento de veículos eléctricos na estrada é um plano que foi proposto há muito tempo e para o qual também foram apresentadas várias ideias. Em algumas concepções, parte-se do princípio de que o veículo elétrico deve ser carregado a partir de cima, ligando-o a cabos de alimentação (esta conceção é normalmente proposta para autocarros autónomos) e, em algumas concepções, o carregamento sem fios também é utilizado como solução. E várias outras concepções em que os investigadores estão a trabalhar.

2-2 Carregamento de carros eléctricos autónomos com células solares

Todos sabemos que as células solares são uma forma de gerar eletricidade que os investigadores têm vindo a desenvolver há muito tempo e da qual existem atualmente vários tipos. As propostas referem-se principalmente às células solares que são montadas no tejadilho do automóvel e que fornecem parte da energia necessária para o mesmo. É claro que, para além das grandes vantagens, este método também tem desvantagens, como os custos de manutenção, etc.

2-3. carregamento de carros eléctricos autónomos com estações de carregamento urbano

A estação de carregamento urbano é outro fator concebido e construído para carregar carros autónomos e há sempre muita investigação a este respeito e esta parte dos veículos eléctricos está sempre em progresso e desenvolvimento.

2-4 Carregamento de veículos eléctricos autónomos através de estações de carregamento domésticas

Todos temos a certeza de que a utilização de veículos eléctricos, quer sob a forma de veículos eléctricos, quer sob a forma de veículos eléctricos autónomos, causará muitos problemas sem postos de carregamento domésticos. Daí a importância desta parte dos postos de carregamento em qualquer forma que possa ser adequada para uso doméstico. Este tem o seu lugar especial. Assim, a investigação nesta secção também tem o seu lugar próprio, além disso, nesta parte da gestão do tempo de carregamento também deve ser utilizada para evitar problemas causados pelo pico de consumo nas cidades. Por outras palavras, esta parte do posto de carregamento deve ser composta por duas partes, a primeira relacionada com a conceção e construção de electrodomésticos e a segunda relacionada com a gestão do consumo e do tempo de utilização, o que nos leva a pensar na construção de postos com novas funções.

3. A solução para postos de carregamento domésticos e urbanos

Conforme discutido nas secções anteriores, deve ser dada especial atenção à questão das estações de carregamento para veículos eléctricos. Nesta secção, procuramos também uma solução para melhorar as estações de carregamento de veículos eléctricos nas casas e nas cidades. Para tal, o plano é apresentado em várias etapas e em várias secções, a fim de o visualizar melhor.

3-1. parte 1

A gestão da energia eléctrica através de estações de carregamento em casa:

3-1-1 Passo 1: Tempo

A primeira etapa desta secção consiste em analisar os horários de consumo de energia na cidade e nos diferentes bairros. Para o efeito, é necessário determinar as horas de ponta do consumo e o consumo mínimo na cidade. Todos sabemos que a sobrecarga da rede de produção e de distribuição da cidade nas horas de ponta de consumo pode ter efeitos indesejáveis e indesejáveis. Por exemplo, podemos referir quedas de tensão ou apagões em algumas zonas urbanas.

3-1-2. etapa 2: o grau de sobrecarga

Todos sabemos que com o número de veículos utilizados pelos residentes e o seu tipo se pode calcular a quantidade do seu consumo de eletricidade, por isso, primeiro devem ser elaboradas as tabelas com base no zonamento urbano para cada zona urbana que, com base nessas tabelas, a quantidade de sobrecarga que será determinada para cada uma das zonas ao carregar os seus veículos. É possível que algumas zonas reduzam a tensão devido ao consumo de veículos eléctricos. Isto também não é um problema e pode ser facilmente determinado com base nos controlos efectuados. Basta determinar o endereço do local do posto de carregamento em questão e o tipo de veículo a carregar.

3-1-3 Etapa 3: Oferecer uma solução

Sem dúvida que deveria haver uma solução para evitar o carregamento dos veículos nas horas de ponta do consumo, reduzindo assim a tensão. Mas todos sabemos que praticamente todos os veículos eléctricos são levados para casa pelos seus utilizadores em diferentes noites. E note-se que a melhor hora para carregar um veículo é a mesma hora em que o proprietário do veículo está a descansar em casa, e ao mesmo tempo o veículo deve estar totalmente carregado para fazer o trabalho diário de amanhã. Por outro lado, é de notar que as horas de ponta do consumo de eletricidade nas cidades são normalmente à noite e a sobreposição destas duas horas pode levar a uma queda de tensão. Para resolver este problema, só é necessário acrescentar uma unidade de carregadores de veículos eléctricos. Esta secção é um recurso de reserva que deve ser capaz de armazenar energia eléctrica para cobrir a quantidade necessária para um único carregamento de um veículo, adicionando esta secção aos carregadores domésticos em vez de utilizar simultaneamente a eletricidade urbana para carregar o veículo elétrico. Em alturas de baixa carga, em que o consumo de eletricidade é mínimo nestas áreas, o novo armazenamento desta nova peça é adicionado à estação de carregamento doméstico e é carregado em horas de baixa carga. E nas horas de ponta, normalmente à noite, o veículo elétrico é totalmente carregado com a energia nele armazenada. Ao mesmo tempo, a rede eléctrica municipal não é sobrecarregada pelo carregamento adicional. Noutro caso, podemos dividir o tempo de armazenamento de energia nas estações de energia domésticas para uma região.

3-2 Parte II: Carregamento de veículos eléctricos autónomos na cidade

O carregamento de veículos eléctricos na cidade foi proposto com o advento dos veículos eléctricos e, desde então, os investigadores têm vindo a trabalhar nesse sentido. Atualmente, existem vários tipos de estações de carregamento de veículos eléctricos na cidade, mas a questão que se coloca aqui é se os métodos tradicionais devem ser utilizados para veículos eléctricos autónomos ou se as estações urbanas também serão alteradas? Para responder a esta questão, vamos explicar uma nova metodologia que envolve muitas alterações. Para facilitar a explicação, vamos descrevê-la em várias etapas.

3-2-1. Etapa 1: Estações de carregamento para os actuais veículos eléctricos urbanos

Os postos de carregamento urbano de veículos eléctricos são já concebidos e construídos como parte integrante dos espaços urbanos e param durante algum tempo no local pretendido. O carro elétrico desloca-se a estes locais para carregar e durante as paragens junto ao posto de carregamento urbano, as baterias dos veículos eléctricos recarregam Mas estes postos de carregamento são da mesma forma que o carro tem de ser parado para recarregar. Esta paragem varia consoante o tipo de veículo elétrico ou de posto de carregamento, e talvez o tempo de carregamento dos veículos eléctricos seja um dos problemas da utilização destes veículos. Para estabelecer estas estações de carregamento urbano, é necessário, em primeiro lugar, localizar a cidade e, em seguida, num local posicionado localmente, é possível estacionar um veículo, como se pode ver, a atribuição destes espaços urbanos é novamente um novo desafio para este fim. Uma vez que os próprios espaços urbanos têm determinadas utilizações e será um pouco difícil atribuir espaços onde os veículos possam parar e carregar durante um determinado tempo, estas estações estão agora a ser construídas no local de estacionamento dos veículos.

3-2-2 Etapa 2: as estações de carregamento para veículos eléctricos autónomos

Os postos de carregamento de veículos eléctricos autopropulsados propostos nesta conceção já não são utilizados pela forma atual de postos de carregamento de veículos eléctricos urbanos; em vez disso, é utilizada uma nova forma de posto de carregamento elétrico nesta forma de posto de carregamento, os carregadores de veículos eléctricos autopropulsados passam de um estado fixo e móvel para um estado mais dinâmico e animado. Desta forma, podem ser divididos em várias partes: a: carregadores de solo b: Carregadores aéreos.

3-2-2-1. carregamento de chamadas

Uma das características dos seus veículos é a sua inteligência. Ora, se os veículos de condução autónoma são eléctricos e precisam de ser carregados, é fácil utilizar esta caraterística dos veículos de condução autónoma, nomeadamente a sua inteligência. Como resultado, o sistema de processamento central dos veículos autónomos está constantemente a avaliar as características ambientais do seu próprio ambiente e, para isso, utiliza uma variedade de sensores e estes sensores precisam de energia para continuar a sua atividade e, uma vez que esta energia é energia eléctrica, os veículos autónomos eléctricos necessitam de uma carga permanente e é melhor que, devido à inteligência dos veículos autónomos, esta seja carregada pelo sistema de processamento central dos veículos autónomos. E depois é necessário recarregar através do fornecimento de veículos eléctricos autónomos por chamada de carregamento. Mas o que é o carregamento de chamada. A chamada de carregamento é a ação que, enquanto houver um veículo elétrico autónomo, fornece o necessário para o carregamento, anunciando a necessidade e com a presença de um dos carregadores terrestres ou o chamado carregamento aéreo. Durante este processo, os veículos eléctricos autónomos podem satisfazer a necessidade da sua própria carga sem a presença humana.

3-2-2-2 Validade da taxa com base na independência dos seus veículos

Deve dizer-se que o resultado de tal função criada nestes automóveis é a ausência da necessidade da presença humana para muitos trabalhos. E, para isso, é necessário construir e projetar muitas das infra-estruturas relacionadas. E talvez este seja o primeiro processo de independência limitada, mas verdadeiros robots na comunidade humana.

Desta forma, como já foi referido, cada veículo autónomo tem o seu próprio código, que pertence a um veículo autónomo e é ativado quando o veículo autónomo começa a funcionar, e que é conhecido como uma matrícula e é também considerado como um nome para o veículo.

E também para eles próprios (chamada taxa), pelo que a questão que se coloca aqui é quem deve pagar o custo desta recarga à primeira vista, a resposta a esta questão é simples, são os proprietários de veículos, mas numa análise mais atenta veremos que o proprietário do veículo para isso deve ligar os seus veículos autónomos à sua conta bancária para satisfazer as necessidades desta, mas aqui surge outro conceito, denominado sistemas de segurança financeira, que não é tão relevante para o tema deste livro e no resumo, apenas se deve dizer em termos de segurança financeira que possui veículos eléctricos que os proprietários de veículos eléctricos autónomos precisam dela, a melhor opção é criar uma conta bancária independente e é chamada de código de entrada dedicado de veículos autónomos, que o proprietário do veículo pode carregá-lo para o montante desejado de acordo com as suas necessidades e de acordo com o seu próprio critério.

O montante disponível nesta conta pode ser gasto na compra de uma carga, num serviço regular de veículo ou, com uma visão mais elevada, no pagamento de uma encomenda que o proprietário do veículo tenha encomendado e o veículo autónomo se tenha deslocado ao local de entrega, e esta conta bancária especial para veículos pode ser depositada pelos utilizadores se o veículo tiver uma modalidade de serviço como táxis ou camiões ou outros veículos. Após a dedução do custo do veículo no final do dia, as receitas são depositadas na conta do proprietário do veículo.

Se necessário, o veículo pode ser retirado da tomada e ligado à estação de carregamento para recarregar. Estas estações de carregamento no solo podem ser instaladas em locais públicos e carregar os veículos conforme necessário.

3-2-2-3. carregamento de ar

As cargas aéreas são referidas como uma série de dispositivos aéreos que têm a capacidade de carregar veículos automotores em movimento e, simultaneamente, carregar veículos parados ou estacionados, uma vez que eles próprios têm o poder de se mover ao longo do caminho.

Estes tipos de carregamentos, que podem ser mais prioritários e móveis do que os carregamentos no solo, representam uma parte muito maior dos carregamentos urbanos e interurbanos. Os drones são utilizados para este tipo de carregamentos, ou seja, o drone é utilizado para transportar uma fonte de energia na qual é armazenada a quantidade de carga necessária para o automóvel.

3-2-2-4. cargas inferiores

Os carregadores de solo são todos os meios que estão ligados a uma estação de carregamento central e têm a capacidade de atuar como braços que são colocados no solo do parque de estacionamento. Estes braços são retrácteis, ou seja, são retraídos na ausência do veículo no parque de estacionamento, na sua caixa que é colocada no solo e são activados com a presença do veículo.

O transporte urbano e terrestre pode ser efectuado. Para este tipo de cargas, os UAV são utilizados de tal forma que o UAV transporta uma fonte de energia ou de energia eléctrica na qual é armazenada a quantidade de carga necessária para o veículo. Por outras palavras, a sua mobilidade e capacidade de deslocação permitem-lhes realizar mais actividades.

3-2-2-4-1. Unidades móveis para carregamento de ar

O que são unidades móveis de carregamento aéreo? As unidades móveis de carregamento aéreo são UAVs que transportam a fonte de energia para carregar o seu veículo autopropulsionado. E, como já foi referido, estes elementos móveis são compostos por várias partes:

A: Fonte de energia: Esta parte das unidades móveis dos veículos autónomos é um dispositivo de armazenamento de energia eléctrica que foi carregado durante um certo período de tempo, como descrito anteriormente em 3.1.3. É transportado por UAVS para o local do veículo autónomo, onde a energia armazenada neste veículo é recarregada.

B: UAV: A peça é responsável por transportar a fonte de poupança de energia do hangar para os veículos eléctricos autónomos que precisam de ser carregados.

Estes UAVS devem ter as seguintes características: Em primeiro lugar, podem comunicar com a sua própria estação central. Em segundo lugar, esses veículos autónomos são capazes de se deslocar e de se movimentar automaticamente; em terceiro lugar, podem transportar facilmente a fonte de alimentação e, em quarto lugar, têm a capacidade de comunicar com veículos autónomos de acordo com o seu próprio código relacionado com esses veículos autónomos. Entretanto, podem comunicar com os seus sistemas centrais de processamento e com o sistema central de processamento dos veículos autónomos.

C: Unidades de comunicação: Estas unidades são um conjunto de hardware e software responsável pela comunicação constante com a estação central de carregamento, os sistemas de localização e os veículos eléctricos autónomos.

3-2-2-4-2- Estação central de carregamento

Este local assemelha-se a um grande centro e a um hangar com diferentes secções, onde se encontra um grande número de unidades de carregamento na primeira parte da estação, onde existem várias unidades de carregamento móveis:

R: A carregar:

Esta parte das unidades móveis inclui o número de unidades móveis, de modo a que, após a prestação de serviços e o recarregamento do veículo elétrico autopropulsado, estas sejam devolvidas ao ninho e, de acordo com o ponto 3.1.3, a sua carga seja desimpedida e carregada para o seu armazenamento.

B: à espera de ser carregado:

Esta parte das unidades móveis inclui o número de unidades móveis que devolveram ao ninho após a prestação de serviços e o carregamento do seu veículo elétrico autónomo. E, de acordo com a cláusula 3-1-3, estão à espera do seu carregamento.

C: com carga completa:

Esta parte dos veículos autónomos já foi carregada e está na fila de serviço.

3-2-2-4-3-veículos eléctricos autopropulsores

Assumimos que o sistema de processamento central de um veículo de condução autónoma reconhece a necessidade de carregamento com base na quantidade de energia eléctrica nas baterias do veículo. Neste caso, a necessidade é anunciada na estação de carregamento central e esta envia imediatamente uma unidade de carregamento para o local onde se encontra o veículo elétrico de condução autónoma, independentemente de se tratar de um veículo em movimento ou estacionado - não há praticamente qualquer diferença na prestação do serviço.

Apenas a quantidade de consumo de energia das unidades móveis será ligeiramente diferente porque os carregadores móveis têm a capacidade de voar a diferentes alturas e podem voar no topo dos seus veículos eléctricos autopropulsados e carregá-los enquanto o veículo elétrico autopropulsado está em movimento (ação semelhante ao reabastecimento de aviões a jato) ou sentar-se no telhado ou num local próximo e carregá-lo. Esta carga pode ser utilizada como uma carga por fio ou, num estado ideal, a tecnologia de carregamento sem fios pode ser utilizada para este fim. Desta forma, com o acréscimo da capacidade de carregamento dos veículos eléctricos autónomos em movimento, pode ser resolvido um dos maiores problemas dos veículos eléctricos. Na resposta a esta pergunta, talvez seja melhor pensar um pouco sobre o progresso da ciência no mundo de hoje, neste caso, veremos que, mais cedo ou mais tarde, os recursos de armazenamento de energia para vários dias ou meses de um veículo autónomo podem ser colocados no volume como a palma da sua mão ou se o dispositivo produz esta energia eléctrica num volume menor ou maior do que o que é colocado neste caso, as rotas com tecnologia de carregamento sem fios perderão os seus veículos eléctricos de condução autónoma, mas as unidades móveis de carregamento poderão substituí-los com algumas modificações, com a fonte de poupança de energia eléctrica a alimentar o veículo para transportar cargas e outros objectos humanos, o que evitará o desperdício de capital dos investidores.

4. veículos autopropulsores e produção de eletricidade, conforme especificado no ponto 2.2

Uma das formas de alimentar os veículos eléctricos é a utilização de células solares e, no futuro, existe a possibilidade de utilizar uma variedade de geradores de energia em veículos autónomos. Neste caso, cada veículo autónomo pode ser considerado como uma fonte de energia, que primeiro fornece energia à estação demótica que carrega o veículo para utilização nas fases seguintes.

Referências

1. Aslani, Hadi e Asadullah Ebrahimzadeh, 2014, Investigando a posição da rede de casos entre veículos (vanet) na cidade inteligente, A 6ª Conferência Nacional sobre Planejamento e Gestão Urbana com ênfase nos componentes da cidade islâmica, Mashhad, Conselho Islâmico de Mashhad, https: // www.civilica.com/Paper-	URBANPLANING06-URBANPLANING06 019.html

2. Bostan Manesh Moghadam, Saeed, 2010, Controlo remoto e aplicação de veículos não tripulados, Primeira Conferência Regional de Engenharia Mecânica, Teerão, Universidade Islâmica Azad, Unidade do Leste de Teerão, https://www.civilica.com/Paper-	EASTTEHRANMECH01	- EASTTEHRANMECH01210 .html

3. Payedar, Firoozeh e Mohammad Reza Soltan Aghaee, 2014, Comparação e investigação das diferenças entre redes móveis adaptativas, Inter-vehicle e Temporary Flight (MANET, VANET, FANET), O primeiro congresso interno de engenharia informática e tecnologia da informação, Boroujen, Islamic Azad University Brouven Unit, https://www.civilica.com/Paper-ICCEIT01- ICCEIT01 045.html

4. Haggongo, Ismail; Reza Gayhanchin e Ali Ali Ali Zadeh, 2016 , Investigating the intelligent vehicle control system and performance in Mercedes-Benz F015, The First International Conference on Advanced Research Achievements in Mechanics, Mechatronics and Biomechanics, Tehran, International Confederation of Inventors of the World (IFIA), Applied Scientific University, https://www.civilica.com/Paper-MECHCONF01-MECHCONF01 192.html

5. Boroomandzadeh, Mostafa, 2016 , The combination of vision methods and machine learning with the purpose of road detection, Second International Conference on New Findings of Science and Technology, Qom, Islamic Studies Centre, Soroush Hekmat Mortazavi, https://www.civilica.com /Paper-DSCONF02- DSCONF02_222.html

6. Gharamani, Yasser; Ayaz Isaazadeh; Morteza Naseer Aghdam e Roghayeh Ghahremani, 2011; Algoritmo de mapeamento topológico melhorado para sistemas de navegação de veículos; 1.ª Conferência Nacional sobre Computadores e Tecnologias da Informação, Universidade de Tecnologia de Tabriz, https: // www.civilica.com/Paper-CSCCIT01 - CSCCIT01 055.html

7. Malek, Mohammad Reza e Shamsolmuluk Ali Abadi, 2010, Sistema de navegação de veículos baseado na consciencialização e em mapas inteligentes, Conferência Internacional sobre Cidadania Eletrónica e Móvel, Teerão, https://www.civilica.com/Paper- ICECC01-ICECC01 064.html

8. Mohammadi, Nazila; Mohammad Reza Malek e Matin Furtun Moghadam, 2008, Hardware architecture for urban service vehicle navigation, Geomatics Conference 87, Tehran, Mapping Organisation, https://www.civilica.com/Paper- GEO87- GEO87 044.html

9. Jaberi, Maryam e Mohammadreza Meybodi, 2007, A composite approach to mapping in automobile navigation systems (Fuzzy Logic + Learning Automata), 13th Annual Computer Forum of Iran, Kish Island, Computer Society, Sharif University of Technology, https: /www.civilica.com/Paper-ACCSI13-ACCSI13_014.html

10. Nouri Bidokh, Reza e Siamak Nouri, 2009, fornecer um modelo matemático para o controlo automático e a temporização das luzes, Segunda Conferência Internacional sobre Operações no Irão, Babolsar, Universidade de Mazandaran, https://www.civilica.com/Paper- ICIORS02- ICIORS02 340.

11. Kheriandish, Azra; Fatemeh Sadat Mazidi; Mahshid Mohammadian & Fatemeh Baqaghi, 2016 ; SIG; Novo método na identificação de colinas acidentais; Terceira Conferência Internacional de Ciência e Engenharia; Istambul; Turquia; Instituto de Gestores de Capital de Ideias, Vieira; https: /www.civilica.com/Paper-ICESCON03- ICESCON03_489.html

12. Razaei Kianoush e Narges Mirzai, 2015, O papel dos sinais de aviso, placas de pavimento coloridas e asfalto colorido no decurso de investigações de acidentes rodoviários, Conferência Internacional de Engenharia e Ciências Aplicadas, Dubai, Instituto de Gestores de Capital de Ideias, Vieira, https: //www.civilica.com / Paper-ICEASCONF01- ICEASCONF01_133.html

13. Rahimi, Amirmsoud e Mojtaba Kazemi, 2012, Effect of effective factors on drivers' perception of driving directions, Third International Conference on Road and Road Accidents, Teerão, Universidade de Teerão, Centro de Estudos Rodoviários e de Transportes, Faculdade de Engenharia, Universidade de Teerão, Https://www.civilica.com/Paper- TAC03-TAC03 001.html

14. Lahuni Fard, Arshad; Abdollah Chaleh chaleh e Seyed Ali Razavi Ebrahimi, 2011, Review and evaluation of image identification methods, Second National Road Accident Conference, Rail and Damage Accidents, Zanjan, Islamic Azad University, Zanjan Branch, Https://www.civilica.com/Paper-NCRRAF02-NCRRAF02 043.html 15. Yazdan, Ruhollah e Masoud Varshosaz, 2015, Identificação e extração rápida de restrições de velocidade de congestionamento de tráfego utilizando uma única imagem, Primeira Conferência Nacional sobre Tecnologias da Informação, Teerão, Departamento de Engenharia de Topografia, Universidade de Tecnologia Khaje Nasir Din Tusi, https:

/www.civilica.com/Paper-NCEGIT01-NCEGIT01_160.html

16. Shokri Kiani, Mahsa e Seyd Vafa Barkhoda, 2015, Determinação da localização do encaminhamento de tráfego na imagem utilizando a classificação de píxeis e o dropdown em duas etapas, Conferência Nacional sobre Tecnologia, Energia e Dados com o
Abordagem da Engenharia Eletrotécnica e de Computadores, Kermanshah, Sociedade de Engenheiros Electrotécnicos e Electrónicos - Ramo Ocidental, https://www.civilica.com/Paper- TEDECE01-TEDECE01 403.html

17. Bashiri Fard, Ali e Maryam Shamshirgar, 2011, Apresentação de uma polícia eletrónica desenvolvida através da tecnologia rfid, Segunda Conferência Nacional sobre Computação Suave e Tecnologias da Informação, Mahshahr, Universidade Islâmica Azad, Secção de Mahshahr, https://www.civilica.com / Paper-NCSCIT02-NCSC IT02_162.html

18. Nourolahzadegan, Mohsen e Arshia Badi, 2016 , Design of control system for unmanned vehicles based on PID controller, second international conference of new research findings in science, engineering and technology, Istanbul, Turkey, Faraz University of Science and Technology, Https://www.civilica.com/Paper-ICMRS02- ICMRS02 126.html

19. Hermani, Yaser; Ayaz Isazadeh e Morteza Nasiraghdam, 2011, Mapeamento neural fuzzy neural, três situações em sistemas de navegação de veículos, Segunda Conferência Nacional sobre Soft Computing e Tecnologia da Informação, Mahshahr, Islamic Azad University, Mahshahr Branch, https: //www.civilica. Com / Paper-NCSCIT02-NCSCIT02_108.html 20.

20. Nasiri, Nagi; Ibrahim Pishgahpour e Davoud Jalali, 2016 , Vehicle licence detection system, Conferência nacional sobre conhecimento e tecnologia das ciências da engenharia do Irão, Teerão, Instituto de Ensino Superior Farzanegan, https://www.civilica.com/Paper-MGCONF01-MGCONF01 060.html

21. Pourghorban, Mohammad Reza; Sajad Farrokhi; Mohammad Hossein Nadimi e Hasan Rahmani, 2016 ; Um método preciso para identificar caracteres de ilustrações de veículos mascarados no sistema de transportes rodoviários, Segunda Conferência de Sistemas de Transportes Inteligentes, Teerão, Ministério dos Transportes e da Administração Rodoviária, https://www.civilica.com/Paper-RMTO02-RMTO02 121.html

22. Qayyomi Anaraki, Behzad, Mehdi Shahri Moghadam, Farideh Cheraghi Shami e Najmeh Eghbal, 2015, Modern vehicle identification method for smart parking, Fourteenth International Conference on Transport and Traffic Engineering, Teerão, Departamento de Transportes e Gestão do Tráfego, Https://www.civilica.com/Paper-TTC14-TTC14 271.html

23. Fakadi, Mohammad; Behrang Barketin e Sajad Farrokhi, 2016 , A

review of vehicle identification techniques, Conferência Internacional sobre Engenharia e Ciências Informáticas, Najaf Abad, Universidade Islâmica Azad, Najaf Abad, https://www.civilica.com/ Paper-ICCSE01-ICCSE01_059.

24. Ashrafzadeh Aidinlo, Ata; Hasan Baghban; Hooman Sharifi e Amin Ashrafzadeh Aidinlo, 2016 ; O papel do sistema tecnológico de câmaras de matrícula no transporte rodoviário; Quarto Congresso Internacional sobre Civil, Arquitetura e Desenvolvimento Urbano, Teerão, Conferência do Secretariado Permanente, Universidade Shahid Beheshti, https://www.civilica.com/Paper-ICSAU04-ICSAU04_1998.html

25. Tabatabaei, Hamid, Hossein Salami, Mohsen Najafzadeh e Saman Pourshaye Navi, 2016 , Um novo método ótimo para o sistema de identificação automática, Terceiro Congresso Internacional de Tecnologia, Comunicação e Conhecimento, Mashhad, Universidade Islâmica Azad, Mashhad, https : //www.civilica.com/Paper-ICTCK03- ICTCK03_064.

26. Kamli, Vahid e Hadi Gerilo, 2016 , Using Retinex to Improve the Quality of Licence Plates, Segunda Conferência sobre Novos Factos Aeroespaciais, Mecânica e Ciências Afins, Teerão, Centro de Apresentações sobre Tecnologia e Inovação, https: // www..civilica.com / Paper-MAARS02-MAARS02_001.

27. Nasr, Ali, e Farzan Majidfar, 2015, Future Studies of Innovations in Foundations in Large Enterprises: Case Study of Automotive Technology in the Automotive Industry of the World and Iran, Fifth International Conference and Ninth National Conference on Technology Management, Tehran, Technology Management Association Iran, https://www.civilica.com/Paper-IRAMOT09-IRAMOT09_084. Hatemel

28. Arabshahi, Afsaneh; Nik Mohammad Baluch Zahi e Ahmad Bakhtiari Shahri, 2016 ; Melhorar o acesso ao serviço de táxis com base na relação entre os utilizadores (motoristas e passageiros) e o Centro de Gestão de Serviços, Oitava Conferência Internacional sobre Informação e Conhecimento, Hamedan, Associação de Tecnologias de Informação e Comunicação do Irão, Universidade Bu-Ali Sina, http://www.civilica.com/Paper-ICIKT08-ICIKT08_072.html

29. Moghbat, Farhad, 2016 , Shared vehicle use plan among employees of the case study of Tehran's Road and Urban Planning Office, second international conference on research findings in civil engineering, architecture and urban management, Tehran, International Confederation of Inventors of the World (IFIA), Applied AcademicComplex   ,
   http://www.civilica.com/Paper-RCEAUD02-RCEAUD02_733.html

30. Nazarnia, Adel, 2013, Estudo da capacidade de implementação de um

plano de utilização conjunta de automóveis em Teerão, décima terceira Conferência Internacional de Engenharia de Transportes e Tráfego, Teerão, Direção Adjunta de Transportes e Tráfego, http://www.civilica.com / Paper-TTC13-TTC13_185.

31. Fatemi, Mohammad e Farnaz Derakhshan, 2015, Ami Travolla: Iranian network for Iranian Compatriots, Terceira Conferência Internacional sobre Investigação Aplicada em Engenharia Informática e Tecnologias da Informação, Teerão, Universidade de Tecnologia Malek Ashtar, http://www.civilica.com/Paper -CITCONF03- CITCONF03 067.

32. Nader Rahmani, Sarhang, Rahim Ramazan Aghaee e Mohammad Bagher Salimi, 2013 , O papel da cooperação em transportes e tráfego e a sua implementação no país, décima terceira Conferência Internacional de Engenharia de Transportes B T, [24.09.17 14:06] e Tráfego, Teerão, Direção Adjunta de Transportes e Tráfego, http://www.civilica.com/Paper-TTC13-TTC13 230.

33. Ismailpour, Hamid Reza; Amir Ramezanzadeh e Hamid Reza Mashayekhi, 2009, Determination of gravity acceleration using "everymeter meter and recorder of constant voltage and current", Iranian physics conference 2009, Isfahan, University Isfahan Industrial Co., http://www.civilica.com/Paper-IPC88-IPC88 259.

34. Ahmadzadeh, Dariush, Mohammad Javadi, Hamid Chamanpara e Vahid Ghasemzadeh, 2011, The effect of Earth's gravity on the Earth's spherical model in the modelling and simulation of the inertial navigation system, The 13th National Marine Corps of Iran, Kish Island, Marine Engineering Society of Iran, Http://www.civilica.com/Paper-NSMI13-NSMI13 074

35. Física de Holliday, Robert Resnick, David Holliday, Kenneth S. Crane, Traduzido por Jalaluddin Pashaei Rad, Mohammad Khorrami, Mohammad Reza Bahari, Universidade de Publicações de Teerão, 2002.

36. Desenvolvimento do sítio Enciclopédia, Ciências Naturais> Física> Física Clássica> Gravitação. http://danesh.roshd.ir/mavara/mavara-index.php 42.https: //fa.wikipedia.org/wiki

37. Gholipour, Reza, 2014; New Instruments for Measuring the Extreme Earth's Acceleration (Novos instrumentos para medir a aceleração extrema da Terra), Volume 29, Número 4, Journal of the Development of Physical Education.

38. Soleimani Nejad, Azadeh e Mehdi Dehghani, 2014, Investigando o papel da fadiga e da sonolência nos acidentes de viação, Terceira Conferência Nacional sobre Acidentes Rodoviários, Ferroviários e Casos Aéreos, Zanjan, Universidade Islâmica Azad, Sucursal de Zanjan, https: //www.civilica.com / Paper-NCRRAF03-NCRRAF03_203.html

39. Hemati Bahar, Mohammad e Mehdi Rahimi-Nejad, 2015, Smart Way

Plan (Shayan), Primeira Conferência Anual sobre Estudos de Arquitetura, Urbanismo e Gestão Urbana, Yazd, Instituto de Arquitetura e Urbanismo de Amiraran Road Mehrazi, https: //www.civilica. com / Paper-AUUM01-AUUM01_278.

40. Soltani Sharif Abadi, Ali e Majid Nikzad, 2016 , Designing a Crime Prevention and Driving Accident Prevention System, Conferência Internacional sobre Investigação Moderna em Ciências da Engenharia, Teerão, Instituto de Gestão do Conhecimento Shahram, Universidade de Teerão, https://www.civilica.com /Paper-RKES01- RKES01_069.html

41. Shojaei Ehsan, 2016 , Power Generation by Vehicles and Charging in Moving, 6ª Conferência Internacional sobre Abordagens Modernas à Conservação de Energia, Teerão, Secretariado Permanente da Conferência, https://www.civilica.com/Paper- ETEC06-ETEC06 043.html

42. Nizamuddini, Alireza e Alimorad Khajehzadeh, 2016 , Location of fast charging stations in distribution networks considering the uncertainty of electric vehicle load using the Harmonic Search Algorithm, Eighth National Conference on Electrical and Electronic Engineering, Gonabad, Islamic Azad University, Gonabad Branch, https://www.civilica.com/Paper-ICEEE08-ICEEE08 036.html

43. Hamidia, Behnam e Vahid Amir, 2016 , The Effect of Location of Electric Vehicle Parking on Energy Losses, Primeira Conferência Nacional sobre Arquitetura e Energia com a Abordagem de Sistemas Modernos na Construção, Kashan, Kashan, Universidade Islâmica Azad, Kashan, Irão. Https://www.civilica.com / Paper-AECCONF01- AECCONF01_002.

44. Amiri, Amir Behadar e Mohsen Ghayni, 2015, Melhoria do método de carregamento de fluxo constante de pontes múltiplas na estação de carregamento rápido de veículos eléctricos, 7.ª Conferência Científica-Experimental sobre Energias Renováveis, Limpas e Eficientes, Teerão, Kimia Energy Conservatives, https: // www.civilica.com/Paper-WINDCONF07-WINDCONF07 056.html

45. Forouzan, Mehdi, Kazem Zare e Sayyad Nujavan, 2016 , Location of Electric Vehicle Charging Station, Considering Annual Growth Rate, Conferência Nacional de Eletricidade e Controlo Industrial, Arak, Universidade de Tecnologia de Arak, https://www.civilica.com /Paper-PSAIC01-PSAIC01_015.html

46. Momeni, Amir Reza; Iman Asghari e Mohammad Reza Asghari, 2016 ; Um Método para Reduzir os Efeitos Negativos Causados pela Ligação da Estação de Carregamento de Veículos Eléctricos à Rede de Distribuição Radial; Terceiro Congresso Internacional de Informática, Eletricidade e Telecomunicações, Torbat Heydarieh, Universidade Tarbiat Heydarieh, https : //www.civilica.com/Paper-ITCC03-ITCC03_310.html 47. Seyyed

Índice

Capítulo 1..1
Capítulo 2..14
Capítulo 3..24
Capítulo 4..31
Capítulo 5..36
Capítulo 6..42
Capítulo 7..47
Referências..58